4차산업 사회로
떠나는
생각여행

강정훈 지음

한나래플러스

4차산업 사회로 떠나는
생각여행

2019년 4월 15일 1판 1쇄 펴냄
2022년 9월 20일 1판 4쇄 펴냄

지은이 | 강정훈
펴낸이 | 한기철·조광재

편집 | 우정은·이은혜
디자인 | 심예진
마케팅 | 신현미

펴낸곳 | (주)한나래플러스
등록 | 1991. 2. 25. 제2011-000139호
주소 | 서울시 마포구 토정로 222 한국출판콘텐츠센터 309호
전화 | 02) 738-5637 · 팩스 | 02) 363-5637 · e-mail | hannarae91@naver.com
www.hannarae.net

ⓒ 2019 강정훈
ISBN 978-89-5566-225-2 43400

4차산업 사회의 주인공은 바로 여러분!

2030년에 세상은 어떻게 변해 있을까요? 성인이 된 여러분들은 사회의 구성원으로서 어떻게 지내고 있을까요? 애플이 전화기에 컴퓨터의 기능을 결합시킨 스마트폰을 세상에 내놓은 지 겨우 10년이 조금 넘었습니다. 그런데 이제 스마트폰 없는 세상은 생각할 수 없을 정도로 그 작은 전화기는 우리 생활 깊숙이 들어와 삶을 변화시키고 있습니다. 사람들은 스마트폰으로 길을 찾고, 영화를 보고, 게임을 하고, 은행업무를 보고, 결제를 합니다. 이러한 변화의 속도로 볼 때 2030년쯤에는 지금의 세상과는 또 다른 세상이 열릴 것 같습니다.

4차산업혁명의 주요 기술로 꼽히는 인공지능, 3D프린터, 생명연장기술 등이 발전을 거듭한다면 인공지능 로봇이 병원에서 수술을 하고, 자율주행자동차가 거리를 누비고, 필요한 물건을 가정에서 3D프린터로 손쉽게 찍어 내는…… 새로운 사회를 살아가게 될 수도 있습니다. 이러한 변화는 단순히 기술의 발전을 넘어 우리 삶의 모습을 전체적으로 바꾸고, 더 나아가 사람들의 인식의 틀, 즉 생각의 패러다임(어떤 한 시대 사람들의 견해나 사고를 근본적으로 규정하고 있는 테두리로서의 인식 체계)의 변화를 일으키는 것이기 때문에 이를 '혁명'이라고 부르는 것입니다.

한편 과거 1~3차산업혁명이 250여 년에 이르는 긴 시간에 이루어진 것에 비하면, 4차산업혁명의 변화는 상대적으로 매우 빠르게 진행되고 있습니다. 이런 변화는 시간이 갈수록 더 가속도가 붙을 것으로 보이며 그만큼 우리가 예측하기 힘든, 상상하지 못한 사회로 변할 가능성도 큽니다. 따라서 앞으로 4차산업 사회의 주역으로 성장할 청소년들에게 '4차산업혁명'은 꼭 한번 생각해 보아야 할 주제라고 생각합니다. 변화의 흐름을 어떻게 받아들여야 할지, 새로운 사회에서 어떠한 가치를 붙잡고 무엇을 하며 살아야 할 것인지를 고민해 보아야 하지 않을까요?

기술의 변화만 좇다 보면 삶의 주체로 성장할 수 없습니다. 시대의 변화에 맞추어 생각의 패러다임을 바꾸고, 그 속에서 자신의 생각을 가다듬으며 행동을 변화시킬 수 있어야 합니다. 그런데 요즈음 제 자신을 포함해서 주위의 선생님들, 학생들을 보면 변화는 인정하면서도 생각과 행동을 변화시킬 마음이 부족한 것 같습니다. 머리로는 이해해도 가슴으로 받아들이고 행동으로 변화하기 어렵기 때문이겠지요. 4차산업혁명에 관련된 책이 이미 여럿 있음에도 불구하고 제가 이 책을 한 권 더하게 된 이유도 바로 거기에 있습니다.

지금까지 시중에 나온 4차산업 관련 책들은 기술 발전에 초점을 맞추고, 그에 대한 찬사 위주의 책들이 많습니다. 그러나 사실 아무리 좋은 첨단기술도 그것을 이용하는 사람들이 올곧게 사용하지 못하면 사회에 부정적인 영향을 줄 수 있습니다. 기술의 발전보다 중요한 것은 그것을 만들고 사용하는 사람들, 사람들의 삶이지요. 그래서 저는 이 책에서 4차 산업혁명의 주요 기술들이 인간의 삶에 미칠 수 있는 영향을 되도록 냉정하게 바라보고자 했습니다. 그리고 4차산업 사회의 구성원으로서 살아갈 청소년들이 어떤 자세로 현재를 살고 미래를 준비해야 할지를 고민할 수 있는 생각거리를 되도록 풍성히 담고자 했습니다.

책은 서론 부분을 제외하고 모두 9개의 글로 구성되어 있습니다. 각 글의 주제 분야는 노동, 윤리, 정치, 경제 등으로 구분해서 되도록 다양하게 싣고자 했습니다. 질문 형태로 된 글의 제목은 곧 해당 글을 읽고 함께 생각하고 토론해 보았으면 하는 주제입니다. 예를 들어 '딥러닝은 인간을 노동으로부터 해방시킬까?'라는 글에서는 딥러닝과 같은 인공지능 기술의 발달이 궁극적으로 사람들의 일, 일터에 어떠한 영향을 미칠지를 묻고 답해 보는 것이지요.

글의 도입부에는 기술과 관련된 개념과 현재 발전 상황을 담았습니다. 개념을 명확히 아는 것은 생각의 논리적 전개를 위해 꼭 필요한 과정이므로 최대한 쉽고 분명하게 서술하고자 했는데요, 그래도 어떤 부분은 생소하고 어렵게 느껴질 수 있을 것입니다. 이런 부분이 있다면 거듭해서 읽어 보거나 관련 자료를 인터넷에서 찾아보면 좋겠습니다. 특히, 기술 발전 상황은 계속해서 바뀔 수밖에 없으므로 관심 있는 주제에 대해서는 스스로 찾고 이해하는 활동이 필요합니다.

전개 부분에는 기술의 발전이 우리 삶에 미치는 긍정적, 부정적인 영향들을 담았습니다. 사실 모든 변화는 긍정적인 면과 부정적인 면을 포함하기 마련이고, 누가 어떻게 바라보느냐에 따라 구분은 달라질 수 있는데요, 그러므로 이 부분을 읽을 때는 섣불리 어느 한쪽으로 생각을 정리하기보다는 문제의 양면을 두루두루 살피기를 권합니다. 그리고 나의 삶에만 머물지 말고 사회 구성원 전체의 삶으로 생각의 영역을 확장해 보기를 바랍니다.

끝으로 결말 부분에서는 주제 질문을 다시 한 번 마음속에 던져 보며 미래를 어떻게 준비해야 할지에 대해 서술했습니다. 아울러 함께 고민해 보았으면 하는 문제들을 꼽아 '곰곰이 생각하기'란에 담았습니다. 여기에 있는 문제들을 정말로 곰곰이 생각해 보고 자신의 언어로 정리해 보길 바랍니다. 그리고 주변의 사람들과 토론하면서 생각의 깊이를 더해 가길 바랍니다.

지금까지 여러 권의 책을 썼지만 이 책을 쓰면서 가장 재미있었습니다. 구글에서 세계 각 나라의 정보들을 찾아다니며 공부하는 일이 정말 흥미로웠습니다. 새로운 기술에 대한 정보를 접할 때마다 원고를 수정할지 말지 망설이기도 했고, 제가 예상했던 미래로 세상이 나아가는 것 같아 뿌듯함을 느끼기도 했습니다. 무엇보다 미래에 대한 고민들을 많이 할 수 있어서, 현재의 삶을 되돌아볼 수 있어서 행복했습니다. 아무쪼록 여러분들도 이 책과 함께하는 생각여행을 통해 제가 경험한 행복을 맛보기를 기대합니다!

2019년 2월, 저자 강정훈 드림

고마운 분들

원고가 완성될 때마다 항상 첫 독자가 되어 내용이 이해가 되는지 확인해 주고 이런저런 의견을 전해 준 사랑하는 큰 아들 한영이와 가족들에게 고마움을 전합니다. 그리고 제가 지금의 모습까지 성장할 수 있도록 이끌어 주신 저의 멘토 옥성일 선생님과 김성천 교수님, 권장희 놀이미디어센터 소장님과 허관욱 목사님, 수업 때마다 지적 자극을 주시는 이수정 교수님께 존경하고 사랑한다는 이야기를 전합니다. 또한 팔순을 넘긴 나이에도 서로를 아끼며 행복한 부부 생활을 하고 계시는 아버지와 어머니께 살아계신 것만으로도 든든하고 감사하다는 말씀을 드립니다. 끝으로 부족한 글을 수정하느라 애쓰고, 원고가 늦어져도 인내와 끈기로 기다려 주신 한나래출판사 우정은 님, 이은혜 님께도 감사를 전합니다.

강정훈 선생님을 어쩌다 만나게 되면 언제나 4차산업혁명 이야기를 꺼냈다. 차를 마실 때나 밥을 먹을 때나 이야기는 어느새 4차산업혁명으로 변해 있었다. 그가 집필한 이 책에는 알쏭달쏭한 4차산업혁명의 정의와 개념부터 여러 가지 논의들이 조곤조곤 알기 쉽게 설명되어 있다. 교육 전문가답게 4차산업혁명 시대에 걸맞은 교육 방법도 제시하고 있다. 에세이나 소설처럼 쉽게 읽히는 문체라 지루하지 않고 독자에게 무척 친절한 글이다. 이 내용으로 강의가 이루어진다면 최소한 졸거나 자는 학생은 없을 듯하다. 이 책이 4차산업혁명에 관심을 기울이는 이들에게 좋은 친구가 될 것이라 자신한다. 관심이 없는 이들에게는 관심을 가질 좋은 계기를 만들어 줄 것이라 믿는다. 4차산업 사회에 걸맞은 교육 방법을 찾는 이들에게는 친절한 길잡이가 될 것이다.

– 이민선, 〈오마이뉴스〉 기자

이 책은 4차산업을 다루는 핵심 키워드를 중심으로 개념과 의미, 쟁점, 사례 등을 쉽게 설명하고 있다. 그동안 피상적으로 들었거나 어렵게 생각했던 내용들을 저자는 교사의 감각으로 쉽게 잘 설명하고 있다. 이 책은 단순히 용어 해설집에 그치지 않는다. 균형 감각을 가지고 쟁점을 다루면서 우리가 생각하지 못했던 딜레마를 함께 제시한다. 책을 읽다 보면 지식과 관점, 생각의 깊이와 넓이가 확장된다.

– 김성천, 한국교원대 교육정책학과 교수, 교육정책디자인연구소장

사람들은 인공지능과 로봇이 바꿀 미래에 대해 기대하면서도 불안해한다. 저자는 이 책에서 4차산업혁명의 핵심 주제와 명암을 다양하게 다루고 있다. 저자의 질문을 통해서 우리는 가치 있는 삶에 대해 생각해 보게 될 것이다.

– 옥성일, 전 깨미동(깨끗한미디어를위한교사운동) 대표

차례

들어가는 글

4차산업혁명과
우리 삶의 변화

4차산업혁명   # 다보스포럼

여는 이야기

2050년 한영이 일기

아침에 눈을 뜨자마자 나의 기분에 맞추어 음악 소리가 들린다. 비서로봇이 오늘의 날씨와 하루 일정을 이야기해 준다. 식탁에는 나의 건강 상태에 따라 필요한 영양분을 보충해 주는 음식이 차려져 있다. 옷장 안에 들어갔다가 나오는 것만으로도 바깥 기온에 맞춰 준비된 의상이 자동으로 입혀진다. 준비된 서류는 자동으로 자동차에 전달되고, 내가 자동차에 올라타면 말하지 않아도 생각한 목적지까지 데려다준다.

차에 타서 현조할아버지★와 홀로그램으로 안부 인사를 건넨다. 할아버지께서 심장이 약해져서 내일 3D프린터로 만든 심장을 이식하기로 했다는 이야기에 약간 걱정스러운 마음이 든다. 통화를 마치자 인공지능 로봇은 나의 가라앉은 기분을 풀어 주기 위해 재미있는 농담을 건넨다. 인공지능 로봇과 대화하면서 어느새 기분이 풀어진다. 회사에 도착해서 차에서 내리자 자동차는 스스로 다시 집으로 돌아간다. 회사에서 책상은 사용하지 않는다. 모든 회의와 업무는 홀로그램과 혼합현실 속에서 이루어진다. 현장에 굳이 가지 않고도 사무실 안에서 모든 일들을 마무리할 수 있다.

위의 글은 2050년을 가정해서 #4차산업혁명 시대에 펼쳐질 우리의 하루 일과를 가상으로 적어 본 것입니다. 정말 꿈만 같은 내용이죠? 정말로 2050년 즈음이 되면 우리 삶은 이렇게 바뀔 수 있을까요?

★ 세대를 거스르는 호칭은 아버지, 할아버지, 증조할아버지, 고조할아버지, 현조할아버지, 래조할아버지, 곤조할아버지 순으로 호칭한다. 즉 현조할아버지는 '할아버지의 할아버지의 아버지'시다.

최근 몇 년간 언론에 가장 자주 오르내리며 새로운 화두로 떠오른 단어 중 하나가 '4차산업혁명'입니다. 이러한 열기는 #다보스 세계경제포럼★ 에서 시작되었습니다. 2016년과 2017년 다보스 세계경제포럼의 중심 주제가 4차산업혁명이었지요. 그리고 이러한 열기는 한동안 지속될 것으로 보입니다. 앞으로 몇 년간 다보스 세계경제포럼의 주요 화두는 4차산업 혁명일 것이라는 전망이 우세합니다.

4차산업혁명이 왜 이렇게 모두에게 뜨거운 화두일까요? 이 질문에 대한 답을 위해 잠시 영화 속 장면들을 떠올려 봅시다. 미래를 다룬 많은 SF영화★★ 속에는 정말 꿈같은 내용들이 많습니다. 토니 스타크의 유능한 인공지능 비서 '자비스'가 등장하는 〈아이언맨〉과 같은 영화를 보고 상상할 수 있는 미래는 그야말로 장밋빛인데요, 4차산업혁명이 바로 이러한 영화들이 보여 준 놀라운 미래를 현실로 가능하게 해 주기 때문입니다. 과학자들이 먼 훗날이나 가능하리라 여겼던 기술들이 우리의 예상보다 훨씬 빠르게 실현되고 있습니다.

많은 과학자들이 4차산업혁명이야말로 우리 삶을 송두리째 변화시킬 혁명이라고 이야기합니다. 이러한 변화는 사회 전체적으로 일어나는 것

★ 1971년 시작된 세계경제포럼으로 클라우스 슈밥이 비영리재단으로 만든 국제민간회의 기구 이다. 전 세계의 정치, 언론, 경제, 학계 등의 지도자들이 스위스 다보스에서 모여 경제 및 국제 적 실천과제를 토론하고 모색한다. 다보스에서 모인다고 해서 일명 '다보스 포럼'이라는 이름 으로 더욱 친숙하게 알려져 있다.

★★ SF영화는 공상과학영화(science fiction film)의 머리글자를 딴 것으로, 미래세계에 대한 상 상력을 바탕으로 만들어진 영화를 말한다. 스탠리 큐브릭이 1968년에 만든 〈2001년 스페이 스 오디세이〉는 SF의 기념비적인 영화로 평가받았다. 이후 스티븐 스필버그의 〈스타워즈〉 (1977), 〈ET〉(1982), 〈쥬라기 공원〉(1993) 등이 대표적인 SF영화로 인정받았다.

이기 때문에 개인이 거부할 수 있는 것이 아닙니다. 따라서 변화의 흐름에 발맞추어 다가오는 미래를 잘 준비하느냐 그러지 못하느냐에 따라 개인과 국가의 미래가 뒤바뀔 수 있습니다. 과거 휴대전화 분야에서 압도적인 세계 1위 기업이던 '노키아'는 스마트폰의 등장에 대응하지 못하면서 쇠퇴하고 말았습니다. 이는 아무리 거대한 기업일지라도 미래의 변화에 대응하지 못하면 한순간에 사라

영화 〈아이언맨〉에는 인간 비서보다 몇 배는 유능한 인공지능 비서 자비스가 등장합니다. 자비스는 토니 스타크가 요청하는 일들을 능숙하게 처리할 뿐 아니라 스타크가 필요로 하는 일을 미리 예상해서 준비하고, 농담까지 자유자재로 구사하는 똑똑한 인공지능이지요. 과연 미래에는 이런 인공지능 비서가 보편화될까요?

질 수 있다는 점을 보여 주는 사례지요. 그러므로 전 세계가 현재 진행되고 있는 4차산업혁명의 흐름에 발맞추고, 안정적으로 4차산업 사회로 진입하기 위해 노력하는 것입니다. 물론 저를 포함해서 여러분, 우리 사회도 이러한 흐름에서 뒤떨어지지 않도록 잘 알고, 준비해야겠지요.

4차산업혁명이란?

세계경제포럼의 회장 클라우스 슈밥(Klaus Schwab)★은 자신의 책《제4차
산업혁명》에서 4차산업혁명에 대해 자세히 언급했습니다. 이 책에서 '4차
산업'은 단순히 네 번째를 뜻하는 것이 아니라고 말합니다. 4차산업혁명은
이전의 혁명들과 완전하게 다르며, 변화의 크기도 이전보다 훨씬 클 것이
라 설명합니다. 4차산업혁명은 아직 완전히 실현되었다기보다 그 과정에
있기 때문에 지금으로서는 얼마나 큰 변화를 가져올지 정확히 알 수 없습
니다. 그래서 4차산업혁명을 한마디로 정의하는 것도 어렵습니다. 학자나
전문가들도 4차산업혁명을 정의하는 것이 조금씩 다르답니다. 따라서 지
금 할 수 있는 것은 실험 중이거나 개발 초기 단계인 새로운 기술들을 바
탕으로 미래 세상의 변화를 예측하는 것이라 할 수 있습니다.

1, 2, 3, 4차산업혁명의 진화

먼저 현재까지의 산업혁명을 큰 틀에서 정리해 볼까요? 1차산업혁명은
우리가 교과서에서 배웠던 산업혁명을 말합니다. 18세기 중엽부터 19세
기에 걸쳐서 수력기관, 증기기관 등 기계화로 인한 기술 발전이 이루어졌
는데요, 이때 여기저기 공장이 만들어지고 공장이 밀집된 공업도시가 건

★ 클라우스 슈밥(1938~)은 독일 태생의 경제학자이다. 1971년 세계경제포럼을 만들고 초대부터
   지금까지 회장을 역임하고 있다.

설되었습니다. 면을 제조하는 방적산업과 철을 생산하는 제철산업이 발전하였으며, 생산물을 각 지역에 공급하는 철도산업도 번성하였습니다. 이로 인해 기존의 농경과 가내수공업이 중심이 되는 사회 형태에서 공업 중심 사회로 재빠르게 변화한 것을 1차산업혁명이라 합니다.

2차산업혁명은 19세기 말부터 20세기 초에 이루어졌습니다. 대표적인 변화는 전기와 석유, 두 에너지원으로 시작되었죠. 공장에 전기가 들어오면서 쉬지 않고 기계를 돌릴 수 있게 되었고, 컨베이어벨트가 도입되어 분업화와 대량생산이 가능해졌습니다. 이 밖에도 전기는 전구, 전화, 축음기, 라디오, 텔레비전과 같은 놀라운 발명품을 탄생시켜 사람들의 삶을 바꾸어 놓았습니다. 2차산업혁명의 또 다른 중요한 축인 석유 에너지원은 자동차, 항공기 등의 발달을 촉진시켰고 이로써 대량생산된 상품을 빠르게 운송할 수 있게 되었습니다.

3차산업혁명은 20세기 후반 전 세계를 하나로 연결하는 인터넷의 등장과 함께 시작되었습니다. 3차산업혁명을 이야기한 학자 중 한 사람은 미국의 경제학자이자 문명비평가인 제레미 리프킨(Jeremy Rifkin)입니다. 그는 2차산업혁명 이후 석유의 고갈 때문에 에너지원이 재생에너지 중심으로 변화하고, 인터넷의 발달로 기존 권력이 수직구조에서 수평구조로 변화할 것이라 예측했습니다. 최근에는 3차산업혁명의 주요 특징으로 인터넷과 컴퓨터 기반의 정보 혁명과 자동 생산을 이야기합니다. 정보통신이 아날로그 방식에서 디지털 기술방식으로 변화하면서 기존의 일방적인 정보 전달 방식에서 쌍방향 소통 방식으로 변화한 것이 정보 혁명의 주요 내용입니다.

이 책의 주제가 될 4차산업혁명은 이제 막 시작되었고, 앞으로도 계속될 변화입니다. 따라서 우리가 어떻게 준비하고 만들어 가느냐에 따라

시기별 산업혁명의 특징

1차산업혁명 18세기 중반 ~ 19세기 중반	2차산업혁명 19세기 후반 ~ 20세기 중반	3차산업혁명 20세기 후반 ~ 21세기 초반	4차산업혁명 21세기 초반
#기계화 #철강 #면직 등	#대량생산 #전기산업 #석유산업	#정보혁명 #자동화 #IT산업 (컴퓨터, 인터넷 등)	#융합과 연결 #인공지능 #모바일 #SNS

4차산업혁명의 양상은 충분히 달라질 수 있습니다. 4차산업혁명을 주도할 기술 기반으로는 인공지능, AR과 VR, 로봇, 사물인터넷, 3D프린터, 자율주행자동차, 생명공학, 나노기술 등을 주로 꼽습니다. 이 중에는 이미 기술의 성과가 상당히 진전된 분야도 있고, 이제 막 걸음마 단계인 분야도 있습니다. 그럼 4차산업혁명이란 과연 무엇을 뜻하고, 그 특징은 무엇인지 더 자세히 살펴볼까요?

4차산업혁명의 정의

4차산업혁명의 정의는 학자마다 제각각입니다. 뚜렷한 실체를 가진 단어가 아니고, 지금도 현재진행형이기 때문에 더 그렇겠지요. 그중에 보편적으로 받아들여지는 4차산업혁명의 정의는 다음과 같습니다.

"인공지능 기술을 중심으로 하는 다양한 기술이 등장하여 상품이나 서비스의 생산, 유통, 소비 전 과정이 서로 연결되고 지능화되는데, 이러한 과정을 통해 업무의 생산성이 비약적으로 향상되고 삶의 편리성이 극대화되는 사회적·경제적 현상." 이 정의는 우리 정부의 산업통상자원부가 내린 것으로, 이를 통해 우리나라가 국가적으로 4차산업혁명을 어떻게 인식하고 있는지를 알 수 있습니다. 이 중에서도 가장 핵심적인 4차산업혁명의 키워드는 '연결'과 '지능화', '비약적인 향상'이라고 할 수 있습니다.

클라우스 슈밥은 그의 책《제4차산업혁명》에서 4차산업혁명의 특징으로 유비쿼터스 모바일 인터넷, 강력해진 센서, 인공지능과 머신러닝, 세 가지를 들었지요. 그러나 이후 4차산업혁명에 대한 수많은 논의들은 4차산업혁명의 개념과 특징들을 더욱 확대시키고 있습니다. 현재까지 논의된 4차산업혁명의 특징을 좀 더 구체적인 예를 들어 알아볼까요?

모든 것을 연결하고 융합하는 사물인터넷

4차산업혁명의 첫 번째 특징은 '다양한 산업 간의 연결과 융합'입니다. 대표적인 융합의 시작은 스마트폰이었죠. 스마트폰은 기존의 전화기에 컴퓨터, 내비게이션, MP3, 카메라 등 다양한 기기(기능)들이 통합된 것으로 우리 삶에 엄청난 변화를 가져다 주었습니다. 우리는 스마트폰 한 대로 마치 훌륭한 비서 여러 명을 둔 것처럼 편리하게 생활합니다. 이제 현대인들에게 스마트폰 없는 삶이란 생각하기 싫을 정도입니다.

그러나 앞으로 시도될 새로운 융합에 비하면 스마트폰은 비슷한 것들 끼리의 융합에 지나지 않을지도 모릅니다. 가까운 미래에는 전혀 차원이 다른 융합이 시도될 것으로 보입니다. 대표적인 사례는 사물과 사물끼리 통신을 통해 제어하는 사물인터넷 분야입니다. 가전제품과 스마트폰을 연결하면 집 밖에서도 가전제품을 쉽게 제어할 수 있는데요, 이 기술은 현재도 이용되고 있고 점차 보편화될 것입니다. 그뿐 아닙니다. 각각 다른 사물끼리도 연동해서 작동시킬 수 있습니다. 예를 들어, 에어컨과 창문을 연결하면 에어컨이 켜질 때 자동으로 창문이 닫히는 식이지요. 한편, 3D 프린터는 디자인을 구상하는 도구와 직접 생산을 하는 기기 간의 융합으로 볼 수 있지요. 또한 점점 확대되고 있는 드론의 쓰임새나 핀테크 및 암호화폐의 발전도 이러한 사물인터넷의 연장선상으로 볼 수 있습니다. 더 나아가서는 사물들 간 융합에 그치지 않고 사람과 사물 간 융합도 활발해질 수 있습니다. 침대에서 눈을 감으면 자동으로 불이 꺼지거나 TV 화면을 주시하면 TV 전원이 켜지는 세상도 머지않아 실현될 것입니다.

빅데이터와 머신러닝으로 이루는 정보의 축적

4차산업혁명의 두 번째 특징은 '정보의 연결과 축적'입니다. 정보통신기술의 발달로 대량의 데이터를 처리하는 기술이 보편화되었고, 이렇게 축적된 거대한 정보를 자동으로 학습하는 머신러닝 기술도 발전을 거듭하고 있습니다. 이는 다양한 분야에 커다란 영향을 끼치는데요, 전 세계의 정보가 빠르게 공유되고 연결되는 초연결사회가 현실화될 수도 있을 것입니다. 또한 공유된 수많은 정보와 아이디어는 새로운 과학기술들을 더욱 빠른 속도로 발전시킬 것입니다. 결국 세상은 과거보다 훨씬 급속하고 빠르게 변화할 수 있겠지요. 과거의 1차부터 3차까지의 산업혁명이 오랜 세월에 걸쳐서 긴 시간 동안 일어났다면, 4차산업혁명은 상대적으로 빠른 속도로 세상을 뒤엎을 것입니다.

더불어 4차산업 시대의 정보는 점점 더 축적되고 집적될 것입니다. 시간이 지날수록 엄청나게 쌓이는 빅데이터는 인간의 생각이나 행동을 예측 가능하게 해 줍니다. 이러한 데이터는 인공지능과 융합되어 다양한 산업에서 활용될 것입니다. 자율주행자동차의 경우, 수없이 많은 도로 상황과 그에 따른 판단의 결과를 분석하여 최선의 경로로 운행하게 될 것입니다. 방대한 양의 임상 데이터를 분석하고 적용할 수 있는 의료용 인공지능은 의학계에 커다란 혁신을 가져올 수 있을 것이고요. 결국 이와 같은 정보의 초연결과 축적은 우리 삶을 더욱 획기적으로 변화시키는 계기가 될 것입니다.

스스로 생각하는 기계, 인공지능

4차산업혁명의 세 번째 특징으로는 '인공지능'을 꼽을 수 있습니다. 인공지능은 대부분의 사물과 결합하여 변화의 중심에 설 것입니다. 지금도 가정이나 산업에서 사용하는 다양한 제품에 센서와 함께 인공지능이 결합되어 있지요? 로봇청소기를 보면 센서와 함께 내장된 인공지능이 집안 곳곳을 파악해서 청소를 합니다. 앞으로 이보다 더 진화한 인공지능이 사물과 결합하면 사람이 일일이 조작하지 않아도 사물이 스스로 판단해서 기능을 수행할 수 있게 됩니다. 예를 들어, 미래의 전기밥솥은 주인의 취향이나 상태를 분석하여 밥의 종류나 물의 양을 조절하고 식사 시간에 맞추어 스스로 작동할 것입니다.

이러한 인공지능의 발전과 보편화는 우리의 수고를 덜어 주고 편의성을 극대화시켜 준다는 면에서 매우 반가운 변화입니다. 그러나 생활의 편리라는 단순한 의미를 넘어 기존에 인간의 영역이라고 견고하게 여겼던 부분까지 대체 가능해진다는 면에서 훨씬 복잡한 의미를 지니는 변화입니다. 정치적으로 언제나 올바른 판단을 내려 주는 인공지능 정치인이나, 세상의 모든 지식을 가르쳐 주는 인공지능 선생님, 20분 만에 소설 한 편을 쓰는 인공지능 소설가가 일반화된 세상에서 학교, 직장, 병원 등 우리가 노동하는 일터의 모습은 어떻게 변화될까요? 그리고 '생각하고 판단하는' 또 '상상하는' 인간 고유의 능력은 얼마나 존중받을 수 있을까요?

4차산업혁명의 어두운 이면

4차산업 사회는 우리의 기대처럼 장밋빛 미래일 수 있을까요? 물론 기술의 발전은 지금보다 더 편리한 삶, 생산과 비용의 측면에서 보다 효율적인 삶을 누릴 수 있게 해 줄 것입니다. 그러나 밝은 모습 뒤에는 그림자가 드리워진 어두운 면이 있기 마련이고, 눈에 보이는 변화만이 아니라 겉으로 잘 드러나지 않는 사회적 변화 또한 따르기 마련이지요. 4차산업 사회의 어두운 이면에 대해서는 이 책 전반에 걸쳐 다룰 것이니, 여기에서는 몇 가지 굵직한 화두만 던져 볼까요?

4차산업 사회로의 변화를 '혁명'이라 일컫는 것은 그것이 전 세계적으로 인간 사회 전반에 변화를 불러일으키기 때문입니다. 그런데 우리가 가진 것 중에는 오래도록 지속되어 왔고, 또 지켜 나가야만 하는 것들도 있습니다. 때로는 오래될수록 가치가 빛을 발하는 것도 있지요. 그것은 문화재나 예술품 같은 물질적인 것일 수도, 문화나 전통 같은 형체가 없는 것일 수도 있습니다. 그중에서도 특히 오래도록 내려오는 도덕이나 윤리, 인간성이나 가치관 같은 것들은 기술의 진보와 관계없이 지켜 나가야 할 것입니다. 성장과 발전 그리고 변화에 너무 크게 중점을 두다 보면 낡고 오래된 것은 무조건 싸잡아 무시되어 버리기도 합니다. 그래서 소중하게 지켜야 하는 우리의 정신적 물질적 유산을 우리 스스로 없애고 파괴할 수도 있습니다.

4차산업 사회에서는 지금까지 인간이 하던 일의 많은 부분을 인공지능 로봇이 대체할 것입니다. 인공지능 로봇이 대신할 수 있는 일들이 많아질수록 인간은 점점 자신의 자리를 내주어야 하겠죠. 능력만을 따져서 평가한다면 인간의 노동 가치는 로봇에 비해 점점 낮아질 수밖에 없습니

인공지능 단말기가 보편화된 미래의 모습을 그린 영화 〈그녀〉의 남자 주인공 테오도르는 그의 단말기에 설치된 인공지능 프로그램 사만다를 사랑하게 됩니다.

다. 사람보다 일을 훨씬 더 잘하는 로봇이 더 나은 대우를 받고, 사람들도 나를 잘 이해해 주는 로봇과 이야기하는 것을 사람을 만나는 것보다 더 좋아하게 될 수도 있지요. 문제는 이런 현상이 심화되면 사회에서 개인은 점점 고립되고 이기주의가 심화될 수 있다는 것입니다.

또한 혁명적인 변화에는 많은 비용이 뒤따릅니다. 새로운 사업에 큰 비용을 투자해야 하는 기업은 변화의 흐름에 잘 적응하지 못하면 한순간에 존폐 위기에 놓일 수도 있습니다. 게다가 변화의 속도가 이전에 비해 월등히 빠른 4차산업 사회에서는 변화에 적응한 사람과 그러지 못한 사람의 격차가 극심해지고 그로 인한 사회적 갈등이 심화되겠지요. 이처럼 급격한 변화를 따라가지 못하고 사회에서 낙오되는 기업이나 개인들을 수용하지 못하고 뒤처지게 내버려둔다면 사회 기반 자체가 크게 흔들릴 수 있습니다. 따라서 사회의 변화에 대다수 구성원들이 적응할 수 있도록 완충 역할을 하는 시스템을 갖추어야 할 텐데요. 이는 개인의 이익을 넘어서는 구성원들의 공감대가 형성되어야 하고 사회적으로 큰 비용이 뒤따르는 문제입니다.

4차산업혁명 변화에 대응하는 우리의 자세

어떤 사람들은 4차산업혁명이 이미 시작되었다고 이야기합니다. 또 어떤 이들은 지금의 변화는 혁명의 전조일 뿐이며 앞으로 인류 역사에 유례가 없는 변화가 일어날 것이라고 예측합니다. 그런데 어느 쪽의 이야기가 맞는지는 사실 중요하지 않습니다. 분명한 사실은 우리가 앞으로의 변화를 어떻게 준비하고 대처하느냐에 따라 우리의 삶이 풍요로워질 수도 혹은 황폐해질 수도 있다는 것입니다. 칼이 요리사에게 주어지면 맛있는 요리를 만들 수 있지만, 강도의 손에 들리면 사람을 해치는 흉기가 됩니다. 어떤 기술 자체가 나쁜 것이 아니라 누가 어떻게 사용하는지가 더 중요한 문제인 것이지요.

4차산업혁명도 마찬가지입니다. 수많은 기술의 발달이 어떤 목적으로 어떻게 사용되느냐가 중요합니다. 긍정적인 면을 기대하고 발전시켜야 하지만 그것이 누구를 위한 발전인지, 사회 전체적으로 어떠한 영향을 끼치는지 깊이 고민하고 대비해야 합니다. 그래서 이 책에서는 4차산업 사회의 진일보한 기술들과 삶의 긍정적 변화뿐만 아니라 기술의 발전에 가려 생길 수 있는 문제점이나 부정적인 면들도 함께 살펴볼 것입니다. 4차산업 사회의 주인공인 청소년들이 변화의 빛 이면에 있는 그늘을 볼 줄 아는 지혜를 지닐 수 있도록 안내하기 위해서지요.

어떤 사람에게는 4차산업혁명이 기회가 될 수 있지만, 어떤 사람에게는 위기로 작용할 수도 있습니다. 위기를 맞는 사람들이 슬기롭게 극복할 수 있도록 사회 구성원들이 서로 도우며 함께 나아가야 합니다. 그때 비로소 4차산업혁명은 모두에게 밝은 미래를 열어 줄 진정한 희망이 될 것입니다.

■ 4차산업혁명을 어떻게 정의할 수 있을까요? 이 책에 담긴 내용과 다른 자료 (인터넷, 도서 등)를 찾아 읽어 본 후, 스스로 이해한 의미를 자신만의 문장 으로 표현해 보세요.

_____

_____

_____

_____

_____

_____

■ 1차, 2차, 3차 산업혁명의 특징을 가진 가장 발전한 산업을 하나 이상 생각 하여 적어 보세요.

_____

_____

_____

_____

_____

■ 4차산업혁명 이후에도 변하지 말아야 할 우리 사회의 가치는 무엇이 있을까요? 제도나 문화적 측면에서 사례를 들어 말해 봅시다.

_____

_____

_____

_____

_____

_____

■ 4차산업혁명에 어떻게 대비해야 할까요? 개인적인 측면과 사회적인 측면으로 나누어 생각해 보고 이야기해 봅시다.

_____

_____

_____

_____

_____

_____

Chapter

01

딥러닝은
인간을
노동으로부터
해방시킬까?

인공지능 # 딥러닝 # 머신러닝
러다이트 운동 # 노동의 가치
특이점 # 기본소득

여는 이야기

인공지능은 개와 고양이를 구별할 수 있을까?

인공지능은 개와 고양이를 구별할 수 있을까요? 이 질문을 듣고 '아니, 인류가 우주에 인공위성을 쏘아 올리고 달 탐사에 성공한 지가 언제인데 #인공지능이 개와 고양이를 구별하지 못할까' 하고 생각하는 사람도 있을 것입니다. 그런데 인공지능이 개와 고양이를 구별할 수 있게 된 지는 실제로 얼마 되지 않습니다. 불과 수년 전인 2011년까지만 해도 인공지능은 개와 고양이를 구별하지 못했거든요.

인공지능은 디지털 방식으로 세상을 인식합니다. 이는 곤충의 눈으로 세상을 보는 방식과 비슷해요. 잠자리 같은 곤충의 눈은 여러 개의 많은 눈이 합쳐진 겹눈으로 되어 있는데, 이 때문에 곤충의 눈에 세상은 모자이크 같은 모양으로 보인다고 합니다. 이러한 방식은 물체의 모양을 정확하게 볼 수는 없지만 사물이 조금만 움직여도 확실하게 변화를 감지할 수 있습니다. 그래서 곤충은 사물의 빠른 움직임도 잘 알아차릴 수 있는 것이죠. 인공지능 방식이 곤충과 다른 점은 모자이크의 크기가 엄청나게 작아서 인간의 눈으로 보는 세상과 거의 비슷하게 보인다는 것입니다. 이는 마치 좋은 디지털 카메라로 찍은 사진과 같습니다. 디지털 사진을 보면 우리 눈에 보

오른쪽이 인간의 눈으로 바라본 모습이라면, 왼쪽은 곤충의 겹눈으로 바라본 모습으로 마치 모자이크 같은 모양으로 보입니다.

이는 세상과 똑같아 보이지만 확대해 보면 아주 작은 모자이크로 이루어져 있지요. 이 모자이크가 작으면 작을수록 정보의 양은 많아집니다. 디지털 카메라의 화소수가 많을수록 파일의 크기가 커지는 것처럼요.

이러한 디지털 방식으로 인공지능이 개를 인식하도록 하려면 개 이미지를 입력하고, 그 이미지에 맞는 개의 정보를 입력해 주어야 합니다. 이 과정을 계속 반복하여 여러 종류의 개 사진을 찍고 각각 어떤 개라는 정보를 입력해 주면, 인공지능이 특정한 개를 보고 입력했던 개의 사진과 정보가 일치하는지를 확인하여 그것이 무엇인지 판단할 수 있겠지요.

그런데 이 방식에는 두 가지 문제점이 있습니다. 첫 번째는 입력되지 않은 개는 분별하지 못한다는 점입니다. 처음에 입력한 개의 이미지가 푸들이었다면 요크셔테리어나 진돗개를 보아도 '개'라고 인식하지 못합니다. 두 번째는 개라고 입력된 것도 모양이 조금 달라지면 구별하지 못할 수 있다는 점입니다. 같은 푸들이라도 입력한 이미지에서는 앉아 있었는데 이와 다르게 뛰거나 누워 있는 푸들을 보면 같은 개로 인식하지 못할 수 있습니다. 즉 사진의 촘촘한 모자이크 중 하나만 틀려도 다른 사물로 인식해 버리는 것이지요. 따라서 인공지능은 같은 종류의 개라도 수많은 정보를 입력해야 겨우 구분할 수 있습니다.

기존의 인공지능은 입력된 정보와 이미지를 대조하여 맞거나 틀리는 지점을 확인하여 사물을 구분합니다. 예를 들어 어떤 동물의 이미지를 보았을 때, 튀어나온 주둥이와 수염, 네발짐승, 얼룩무늬, 복슬복슬한 털, 포유류, 일정 크기 이하 등의 조건들이 입력된 개의 데이터와 일치하는지 판단하여 개인지 아닌지 판단하는 것입니다. 그래서 개와 많은 부분 유사한 특징을 가진 고양이를 인간처럼 직관적으로 다르다고 인식하지 못하고, 같은 종류로 인식해 버리는 실수를 하는 것이죠.

이는 사람의 눈으로 사물을 인식하는 방식과는 무척 다르지요. 예를 들어 볼까요? 한영이라는 친구가 있다고 가정해 봅시다. 한영이의 얼굴에 빨간 부스럼이 하나 났습니다. 우리는 부스럼이 난 한영이의 얼굴을 보고도 한영이라는 것을 알 수 있습니다. 하지만 인공지능은 모자이크의 일부분이 달라졌기 때문에 한영이가 아니라고 판단하게 됩니다. 물론 인공지능에게 90% 이상이 한영이의 얼굴과 같을 때는 한영이라고 판단한다는 명령어를 입력해 줄 수는 있습니다. 그러나 이때도 89%와 90% 차이를 두고 한영이다, 또는 한영이가 아니다를 구분 짓게 된다는 한계가 생깁니다. 이처럼 기존의 인공지능은 모든 경우의 수를 입력해야만 명확한 판단이 가능했다는 것이지요.

문제는 모든 종의 개를 전부 입력하거나, 같은 종이라도 모양이나 자세가 다른 모든 개를 전부 입력하는 것이 불가능하다는 점입니다. 그래서 컴퓨터의 저장능력과 연산능력이 아무리 발전해도 (사람에게는 무척 쉬운) 개와 고양이를 구별하는 일이 기존 인공지능에서는 매우 어려웠던 것입니다.

딥러닝, 사람처럼 생각하는 인공지능

닮은 듯 다른 듯 딥러닝과 머신러닝

새롭게 등장한 #딥러닝 기술은 사물을 디지털 방식으로 인식함으로써 생기는 인공지능의 문제점들을 해결해 주었습니다. 그럼 딥러닝이란 무엇

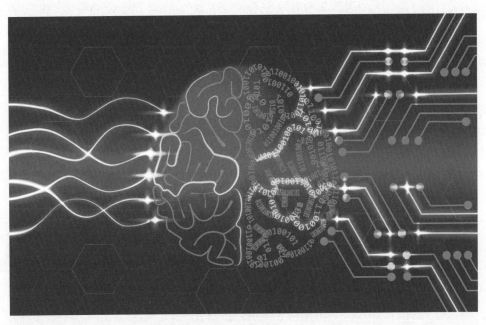

딥러닝은 인공지능이 인간과 비슷하게 학습하고 사고하는 방식입니다.
마치 인간의 뇌처럼 뉴런 형태의 인공신경망을 통해 정보를 처리하여 인간과 더 흡사한 판단력을 갖도록 한 것이죠.

일까요? 딥러닝의 사전적 정의를 보면 다음과 같습니다. '컴퓨터가 사람처럼 생각하고 배울 수 있도록 수많은 데이터의 특징들을 분류해서 같은 집합들끼리 묶고 그 관계를 파악하는 기술.' 조금 어렵게 들리나요? 쉽게 말하면 인공지능이 스스로 학습을 한다는 뜻입니다. 즉 모든 자료를 사람이 일일이 입력해 줄 필요 없이 인공지능이 스스로 학습을 통해 정보를 처리하고 판단한다는 것이죠.

일반적으로 사람들은 사물을 보았을 때 그 모습을 전체적으로 다 기억하는 것이 아니라 특징을 중심으로 기억합니다. 그래서 아주 작은 한 부분이 달라지면 그걸 잘 기억하지 못하고, 전체적인 인식에 별로 영향을 받지 않습니다. 반면에 기존의 인공지능은 앞에서 언급한 것처럼 모든 정보를 다 기억합니다. 그래서 모습이 조금만 달라져도 같은 것으로 인식하지 못하지요. 딥러닝은 이러한 문제를 보완하여 기억하는 방식에서 사람을 모방한 기술입니다. 사람처럼 주요한 특징 위주로 기억하는 방식을 활용한 것입니다. 이런 방식으로 사람이나 사물을 기억하도록 학습하고, 스스로 학습한 빅데이터가 쌓이다 보니 사람처럼 특징 위주로 사람이나 사물을 구별할 수 있게 된 것이지요. 이로써 인식 대상의 작은 부분이 달라도 주요한 특징들이 같으면 동일한 것으로 인식할 수 있게 되었습니다.

#머신러닝은 딥러닝과 비슷한 개념이지만 좀 더 포괄적입니다. 일반적으로 머신러닝은 빅데이터 방식으로 학습을 한 후, 이를 바탕으로 미래에 대한 예측이나 결정을 이끌어 내는 기술을 말합니다. 딥러닝과의 차이점은 머신러닝은 사람이 수많은 데이터를 입력해 주면 이를 기반으로 미래를 예측하는 반면, 딥러닝은 스스로 학습을 통해서 데이터를 만들어 간다는 점입니다. 딥러닝이 머신러닝의 한 형태라고 볼 수 있습니다.

📶 인공지능, 머신러닝, 딥러닝?

인공지능(artificial intelligence, AI)

인공지능은 인간의 학습능력과 추론능력, 지각능력, 자연언어 이해능력 등을 컴퓨터 프로그램을 통해 인공적으로 구현한 것입니다. 인공지능은 단독으로 존재한다기보다는 컴퓨터공학, 사물인터넷, 로봇공학 등 다양한 4차산업 분야에 적용되어 핵심적인 역할을 하고 있습니다.

머신러닝(machine learning)

머신러닝은 인공지능을 구현하는 구체적인 방식입니다. 가장 주요한 특징은 컴퓨터가 주어진 자료를 분석하여 스스로 학습한다는 점입니다. 머신러닝은 기본적으로 알고리즘을 이용해 자료를 분석하고, 분석을 통해 학습하며, 학습한 내용을 기반으로 판단이나 예측을 합니다. 즉 사람이 공부하듯이 컴퓨터에도 예제 데이터들을 주어 학습하게 함으로써 새로운 규칙성을 파악하고 판단할 수 있도록 하는 방식이 머신러닝입니다.

딥러닝(deep learning)

딥러닝은 보다 완전한 머신러닝을 실현하는 기술이라고 할 수 있습니다. 컴퓨터가 사람처럼 스스로 생각하고 배울 수 있도록 하는 점은 동일합니다. 머신러닝에서 한 걸음 더 나아간 점은, 머신러닝은 예제 데이터를 선별하거나 기초적인 알고리즘을 입력하는 부분에서 사람이 개입해야 하지만, 딥러닝은 의사 결정 기준에 대한 구체적인 지침까지 스스로 익히고 실행한다는 점입니다. 수많은 데이터의 특징들을 분류해서 같은 집합들끼리 묶고 그 관계를 파악하는 딥러닝은 인간처럼 생각하는 인공지능 기술의 진보를 보여 줍니다.

인간을 이기는 인공지능

인공지능 개발 회사인 구글의 딥마인드는 2015년 딥러닝을 활용한 벽돌 깨기 실험을 동영상★으로 공개했습니다. 게임을 하는 딥러닝 인공지능은 처음에는 매우 미숙한 솜씨로 시행착오를 반복하더니 2시간이 지난 뒤에는 웬만한 사람들보다 뛰어난 솜씨를 보여 주었고, 4시간 후에는 사람이 따라하기 어려울 만큼 놀랄 만한 수준을 보여 주었습니다. 게임하는 법을 스스로 반복 학습하여 실력을 향상시킨 것이지요. 이처럼 스스로 학습을 강화해 나가는 방식의 인공지능 네트워크를 개발하고 실험한 과정은 세계적으로 저명한 과학 저널 〈네이처〉에 게재되었습니다.

이후 딥러닝 실험은 알파고로 이어졌습니다. 알파고는 딥마인드에서 개발한 바둑 분야 인공지능 프로그램입니다. 2016년 알파고와 이세돌의 대국에서 많은 이들의 예상을 깨고 알파고가 4승1패로 이기며 화제가 되

📶 **딥마인드의 벽돌깨기**

#입력어: 점수를 최대한 높일 것
0~10분: 미숙한 솜씨를 보여 줌
2시간 후: 전문가처럼 매우 능숙한 솜씨를 보여 줌
4시간 후: 인간을 넘어선 놀라운 수준을 보여 줌
(한쪽 벽을 뚫어 가장 효과적인 방법으로 벽돌을 부숨)

★ 유튜브에 '딥마인드 벽돌깨기' 검색어를 입력하면 관련 동영상을 볼 수 있다.

딥러닝 방식을 적용한 인공지능 알파고는 2016년 바둑천재 이세돌 9단과의 대결에서 4승1패로 승리했습니다. 이세돌의 단 한 번의 승리 이후 세계 바둑의 정상이던 커제 9단을 비롯하여 그 어떤 인간도 알파고를 상대로 승리를 얻지 못했습니다. 2017년에 나온 알파고의 최신 버전 알파고 제로가 기존 알파고와 대국하여 100번 중 89번을 이기면서 인간과 인공지능의 격차는 따라갈 수 없을 만큼 벌어졌습니다.

었죠. 이때까지만 해도 경우의 수가 많지 않은 체스 등의 게임은 인공지능이 사람을 이길 수 있지만, 경우의 수가 훨씬 많은 바둑에서 인공지능이 프로 기사인 이세돌을 이기기는 어려울 것이라는 예상이 많았습니다. 그러나 결과는 알파고의 승리였죠. 이후 알파고는 2017년 5월, 세계랭킹 1위이던 커제에게 전승을 거두었습니다. 더욱 놀라운 점은 당시 대국에서 알파고가 그때까지 사람이 두었던 기보를 모방한 것이 아니라 전혀 다른 새로운 기보를 만들었다는 것이었습니다. 그것은 인공지능은 창의적인 일은 할 수 없다는 생각을 한 번에 뒤엎는 놀라운 사건이었지요.

딥러닝 인공지능은 이제 인간과의 게임을 뛰어넘어 새로운 영역을 개척하고 있습니다. 현재는 기후를 예측하고, 날씨를 예보하는 시스템에 적용하려고 준비 중입니다. 기후 예측은 매우 많은 변수를 동반하기 때문에 인간이 이를 예상하기에는 한계가 있습니다. 그러나 스스로 학습하는 딥러닝 기술의 발전으로 미래에는 지금보다 훨씬 더 정확한 예측이 가능할 것으로 여겨집니다. 이외에도 병원에서 환자들을 상대로 병을 진단하고 치료하는 일에도 딥러닝이 적용되기 시작하였습니다. 아직은 실험 단계이지만 기존의 의사들이 진료하던 것보다 많은 시간을 단축시키는 결과를 보이고 있습니다. 또 인공지능 스스로 새로운 약을 개발하는 일도 진행되고 있습니다.

딥러닝 인공지능은 인터넷과 휴대전화 기술에도 많이 활용되고 있습니다. 과거에는 인터넷 검색창에 글자를 틀리게 입력하면 그대로 나타났지만 지금은 자동으로 글자가 수정되어 나타납니다. 음성을 이용한 자판도 마찬가지죠. 전에는 발음이 조금만 이상해도 단어가 엉뚱하게 입력되는 일이 많았지만 최근에는 이런 오류가 크게 줄어들었습니다. 빅데이터와 딥러닝의 결합이 바로 이런 일들을 가능하게 해 주는 것이지요.

딥러닝의 한계

여러 가지 놀라운 성과에도 불구하고 딥러닝의 수준은 아직 완성된 단계가 아니라 이제 막 걸음마를 시작한 정도에 있다고 볼 수 있습니다. 아직 극복하지 못한 딥러닝의 한계로는 다음과 같은 사항을 꼽을 수 있습니다.

첫째, 주어진 명령어가 없으면 아무것도 하지 않는다는 점입니다. 사람은 명령이 주어지지 않아도 텔레비전을 본다던가 밥을 먹는다던가 하는 것처럼 무언가 행동을 합니다. 자율의식을 가지고 행동한다는 것이죠. 그러나 인공지능이 움직이기 위해서는 명령어가 필요합니다. 벽돌깨기의 점수를 높여 보라는 명령 때문에 벽돌깨기를 하는 것이며, 바둑을 통해서 이기라는 명령이 있기 때문에 바둑을 두는 것입니다. 그런 명령이 주어지지 않으면 아무 일도 하지 않습니다. 이것이 가장 큰 차이입니다.

둘째, 학습이 일어나기 위해서는 충분한 데이터가 입력되거나 시행착오를 겪어야 된다는 점입니다. 알파고의 예를 들어 볼까요? 사람들이 수많은 대국 과정과 결과 데이터를 입력해 주지 않았다면 알파고는 바둑을 스스로 학습할 수 없었을 것입니다. 게임 규칙이 간단한 벽돌깨기의 경우에는 수많은 시행착오가 필요했죠. 그 과정들을 거쳐서 상당한 수준의 실력을 지니게 된 것입니다.

이외에도 인공지능은 규칙을 아주 조금만 변형시켜도 새롭게 학습을 해야 한다는 한계가 있습니다. 인간은 조그만 변화에 잘 적응하지만 인공지능은 조그만 변화가 주어져도 처음부터 새롭게 학습을 해야 합니다. 또한 철학적이고 주관적인 문제를 인공지능이 인식하는 것도 기술적으로 난해한 일입니다. 철학적이고 주관적인 문제는 정답이 없기 때문에 인공지능에 학습을 시킨다는 것 자체가 쉽지 않습니다. 따라서 데이터화할 수 없는 문제나 주관적인 의견이 필요한 부분에서 인공지능은 매우 취약할 수 있습니다.

딥러닝 인공지능이 가져오는 세계

딥러닝은 인간처럼 판단하고, 스스로 학습할 수 있는 인공지능 기술입니다. 아직은 그 한계도 있지만 현재의 발전 추세로 보면 보다 발전된 딥러닝 인공지능 기술의 보급은 머지않아 보입니다. 딥러닝 기술이 보편화된다면 앞으로 세상은 어떻게 달라질까요?

딥러닝으로 인한 자동화의 가속

현재 인공지능 로봇 기술에서 가장 부족한 점은 인간이 눈으로 보고 판단하는 것처럼 사물을 인식하는 분야입니다. 로봇 기술에서 인간이 눈으로 사물을 보고 인식하는 행동은 센서로 스캔한 것을 인공지능이 판단하는 것에 해당합니다. 그런데 딥러닝은 이 분야의 기술을 획기적으로 발달시키는 토대가 되고 있습니다. 기존의 전체를 기억하여 판단하는 기계적 방식에서 벗어나 특징 위주로 기억하여 판단하는 인간과 흡사한 방식으로 기술이 진보되고 있습니다.

딥러닝으로 인한 로봇 기술의 발전으로 다양한 분야에서 자동화 기술을 앞당길 수 있게 될 것입니다. 지금까지 자동화 기술은 간단하고 단순한 일에 머물러 왔습니다. 그러나 딥러닝 인공지능을 탑재하면 복잡한 과정의 기술도 스스로의 학습을 통해 자동화할 수 있습니다. 이를 통해 자동차·지하철·비행기 같은 교통수단은 물론이고, 공장 같은 산업 전부분, 그리고 회계 처리나 의료·법률 서비스 등 우리 생활 곳곳에서 자동화가 진행될 것입니다.

딥러닝으로 인한 자동화 덕분에 상품을 만드는 데 드는 비용은 더 낮아질 것입니다. 딥러닝이 탑재된 인공지능 로봇이 모든 생산 과정에서 사람을 대신해 일한다면, 사람처럼 실수할 일이 없으니 물건을 잘못 만들어서 원자재를 낭비할 일이나 불량품이 생겨 폐기할 일도 거의 없어질 것입니다. 로봇은 초기에 설비비용만 들이면 이후로는 사람처럼 먹거나 쉬면서 일하지 않아도 되니 유지비용 또한 절약할 수 있을 것입니다. 회사를 운영하는 경영자 입장에서는 딥러닝 인공지능이 저렴하게 보급되기만 한다면 기존에 일하던 사람들을 해고하고 인공지능 로봇을 사용하지 않을 이유가 없겠지요. 이처럼 인공지능이 어느 정도 수준에 이르게 되면 대부분의 노동력은 인공지능 로봇으로 대체될 것임을 예상할 수 있습니다.

21세기 러다이트 운동은 일어날까?

이렇게 사람이 하던 일을 인공지능 로봇이 전부 대신하게 된다면, 원래 그 일을 하던 사람들은 어떻게 될까요? 로봇의 보급으로 인한 자동화가 한두 군데의 특정한 회사에서만 일어나지는 않을 테니 대부분 일하던 곳에서 밀려난 후 새로운 일자리를 찾지 못하고 실업자 신세가 되겠지요. 그래서 인공지능 로봇의 발전과 보급이 대량 실업 문제를 불러일으킬 수 있다는 우려의 목소리도 커지고 있습니다. 그중에서도 적은 임금을 받고 단순 업무를 하던 노동자들이 가장 먼저 일자리를 잃을 확률이 높겠지요.

한편에서는 이러한 현상이 19세기 산업혁명 당시 노동자들이 기계를 부수며 저항했던 '#러다이트 운동'과 비슷한 상황을 불러일으키지는 않을지 우려하기도 합니다. 1차산업혁명으로부터 시작된 기계화·자동화가 그 때문에 일자리를 잃은 노동자들의 저항에 부딪혔던 것처럼, 4차산업혁명으로 딥러닝 인공지능을 탑재한 로봇의 보급이 점점 확대되면 이와 비슷한 21세기 러다이트 운동이 일어나지 않을까 걱정하는 것이지요. 그

🛜 러다이트 운동

러다이트 운동은 18세기 말에서 19세기 초에 걸쳐 영국의 공장지대에서 일어난 노동자에 의한 기계 파괴 운동입니다. 당시 산업혁명이 일어나며 새롭게 개발된 방직 기계 덕분에 기존의 숙련공들이 수작업을 할 때보다 몇 배 높은 효율로 물건을 만들어 낼 수 있게 되었습니다. 공장을 운영하는 자본가들은 새로운 기술의 도입으로 벌어들인 이윤을 독차지했고, 그 때문에 오랫동안 일해 온 숙련공들은 일자리를 잃거나 원래보다 훨씬 낮은 임금을 받게 되었습니다. 결국 일부 장인을 제외한 많은 수공업자들이 길거리에 나앉는 신세가 되었지요.

쫓겨난 노동자들은 자신들의 일자리를 빼앗아 간 현대식 방직기계를 파괴하는 행위로 자본가들에게 항의했습니다. 그러나 이런 저항에도 불구하고 기계화된 직물 공장은 빠르게 확산되어 갔지요. 오늘날 이 사건은 기술의 발전을 인위적으로 막아 시대의 흐름을 거스르는 것은 어렵다는 역사적 사례로 인용되곤 합니다.

러나 19세기 러다이트 운동이 실패로 끝났듯, 다가오는 변화의 방향성을 바꾸는 것은 어려울 것이라는 예측도 함께 따라옵니다.

우리나라도 인공지능 로봇이 산업 환경 전반으로 보급되면 기존에 일하던 사람들의 일자리가 빠르게 줄어들 것이라는 전망이 있습니다. 한국고용정보원에서 발간한 〈기술변화에 따른 일자리 영향 연구〉(2016)에 따르면 단순 업무를 하는 노무직종 중 90.1%가 2025년이면 로봇으로 대체될 위험에 놓일 것이라고 합니다. 게다가 우리나라는 제조업 근로자 1만 명당 산업 로봇 수를 의미하는 로봇밀집도가 세계 1위(710대, 2017년 기준)를 차지할 정도로 높은 편입니다. 따라서 이미 보급되어 있는 로봇을 딥러닝 인공지능을 탑재한 더 발전된 로봇으로 업그레이드하는 일은 보다 쉽고 빠르게 진행될 수 있겠지요. 벌써 자동차·반도체 등의 제조업 분야에서는 완전 자동화 시스템을 갖춘 스마트 공장이 대세로 자리 잡고 있습니다.

물론, 인공지능 로봇으로 인해 줄어드는 일자리만큼 또 새로운 분야의 일자리가 생겨날 것이라는 의견도 있습니다. 하지만 세계경제포럼은 2015~2020년 중 로봇 산업의 발전으로 인해 줄거나 사라지는 일자리는 716만 개 정도인 데 반해, 새롭게 생겨나는 일자리는 202만 개에 그칠 것이라고 예상합니다. 즉 일자리에서 밀려난 노동자들이 전부 새로운 일자리를 갖기는 어렵다는 것이죠. 그래서 노동계에서는 로봇 산업의 발달이 사람들의 일자리를 빼앗아 결과적으로 대규모 실업 사태를 불러일으킬 거라는 우려의 목소리가 점점 커지고 있습니다.

딥러닝 인공지능 때문에 빈부격차가 더 심해질까?

인공지능 로봇으로 가장 빠르게 대체될 수 있는 이들은 계산원이나 부품 조립, 포장 등의 단순 업무를 하는 노동자들입니다. 이러한 직종들의 자동화는 이미 상당 부분 진행된 곳들이 전 세계적으로 많이 있지요. 이런 업무를 하는 사람들 대부분은 고도화된 기술을 가지고 있기보다는 비교적 단순한 업무를 하고 적은 돈을 받는 저소득층일 확률이 높습니다. 이는 인공지능 로봇 때문에 일자리를 빼앗기는 현상이 소득이 가장 적은 계층에서부터 시작될 것이라는 의미이기도 하지요. 그리고 가난한 사람과 부자인 사람의 경제적인 격차가 점점 더 벌어지는 문제로 연결될 수 있습니다.

커다란 슈퍼마켓 운영을 예로 들어 볼까요? 슈퍼마켓에는 다양한 물건들을 품목별로 정리해서 가격을 매기고, 모자란 물건을 더 주문하고, 손님들에게 상품을 판매하는 등, 여러 가지 역할을 하는 직원들이 일하고 있습니다. 지금까지는 이런 복잡한 일들을 사람처럼 처리할 수 있는 로봇이 없고, 있다 하더라도 너무 비싸서 로봇을 사는 것보다 직원을 고용해서 월급을 주는 것이 훨씬 적은 돈이 들었지요.

그런데 어느 시점에 딥러닝으로 인한 인공지능의 비약적인 발달 덕분에 과거에 비해 성능이 월등히 뛰어난 로봇의 가격이 엄청나게 싸진다면 어떨까요? 직원을 모두 로봇으로 대체해도 기존의 인건비보다 더 적은 돈이 든다면, 당연히 슈퍼마켓 주인은 모든 직원을 해고하고 인공지능 로봇을 설치할 것입니다. 이때 슈퍼마켓 주인은 원래 직원들에게 월급으로 주던 돈으로 로봇을 사고 가동하는 데 쓸 테니 특별히 더 손해 볼 것이 없지요. 오히려 더 적은 돈으로 슈퍼마켓을 운영할 수 있어서 계속해서 더 큰 이윤을 남길 수 있을 것입니다. 반면 해고당한 직원들은 어떨까요? 일자리를 잃었으니 소득이 없게 되고, 다른 슈퍼마켓들 역시 인공지능 로봇을 사용할 테니 새 일자리를 찾기도 어렵겠지요. 따라서 이와 같은 상황이 사회 전반에 걸쳐 일어난다면 슈퍼마켓 주인처럼 원래 직원을 고용할 수 있을 만큼 돈이 많았던 사람들은 더 많은 돈을 벌게 되고, 월급을 받으며 일하던 직원들은 더 가난해지게 되는 문제가 심화될 것입니다.

한편, 딥러닝 인공지능이 보급되면 개인 간 능력 차는 점점 줄어들 것

📶 계산대 없는 마트의 등장

2017년 세계적인 쇼핑몰 회사 아마존은 인공지능과 사물인터넷 기술을 접목하여 계산대와 계산원이 없는 무인 매장 '아마존고(Amazon go)'를 열었습니다. 손님은 아마존 앱을 통해 받은 코드가 담긴 휴대전화를 매장 입구에서 태그하고 들어갑니다. 그리고 진열된 물건을 골라 집어 들고 나가면, 매장 내의 수많은 카메라가 이를 자동으로 인식하여 앱을 통해 결제되는 것이죠. 앞으로 이러한 기술이 상용화되면 더 많은 일자리를 로봇이 대체하게 될 것입니다.

입니다. 내비게이션이 등장하면서 길을 잘 아는 사람과 길을 잘 모르는 사람의 차이가 줄어들었지요? 딥러닝으로 인한 인공지능의 발달도 마찬가지입니다. 인공지능이 폭넓은 지식이나 정보가 필요한 대부분의 능력을 보완해 주어 개개인의 능력 차이를 줄여 줄 수 있지요. 그렇게 되면 지금까지 습득한 지식이나 능력보다는 얼마나 성능이 좋은 인공지능을 가지느냐, 얼마나 자주 프로그램을 업그레이드해 주느냐가 사람들 간에 더 큰 차이를 만들 것입니다. 이 역시 돈이 더 많은 사람일수록 점점 더 유능해지고, 다시 더 많은 돈을 벌게 되어 계층 간 문제로 연결될 수 있지요.

국가 간의 빈부격차도 마찬가지입니다. 그동안 유명 글로벌 기업들은 생산단가를 낮추기 위해 저개발국가의 노동력을 이용하여 제품을 생산했습니다. 그러나 인공지능 로봇으로 인한 자동화가 진행되면 저개발국가의 노동자들에게 월급을 주고 제품을 만들 필요가 없어집니다. 이로써 기술을 보유한 부자 나라와 그렇지 못한 가난한 나라 간에 격차는 더욱 벌어지게 되겠지요.

'특이점'이 오면 일하지 않고 살 수 있을까?

비관적인 전망만 가득한 것은 아닙니다. 만약 자동차 공장에 딥러닝 인공지능이 보급된다면 같은 시간에 더 많은 자동차를 더 정확하게 만들 수 있겠지요. 그리고 이처럼 높아진 생산성 덕분에 사회 전체로 보면 더 많은 자본이 생겨날 것이고, 그 이익이 잘 분배될 수 있다면 모두가 더 행복해지는 사회가 될 것이라는 의견도 있습니다. 쉽게 말해, 직접 일하지 않아도 사는 데 필요한 충분한 자원을 인공지능 로봇이 대신 만들어 주니까 사람들은 지금보다 훨씬 자유롭게 하고 싶은 일을 하며 살 수 있을 것이라는 주장이지요.

이러한 전망은 '노동'에 대한 생각의 전환을 바탕으로 합니다. 여러분은 성인이 되어 일하지 않고 살 수 있다면 어떨 것 같나요? 대부분의 어른들은 일하는 삶을 당연하게 여기고 살아갑니다. 사람들은 어릴 적부터 땀 흘려 일하는 것이 가치 있는 삶이라고 배웁니다. 〈개미와 베짱이〉 이야기를 들으며 게으른 베짱이보다 부지런한 개미가 되고자 하지요. 이처럼 '노동(일)'은 사람들에게 자아실현을 위한 수단이자 사회에 이바지하는 중요한 행위로 오랜 세월 인식되어 왔습니다. 자본주의 시대에 들어오면서 #노동의 가치가 자본으로 환산되고, 그것이 개인의 지위와 능력을 가늠하는 척도가 되기도 했지만요.

그런데 오늘날 어떤 전문가들은 인공지능이 인류를 능가하기 시작하는 지점인 '#특이점(singularity)'을 지나면 인공지능과 로봇에 의한 자동화 기술이 비약적으로 발전하고, 로봇의 노동력만으로 인류 전체가 생활을 지탱하는 데 충분한 생산이 가능해질 것이라 전망합니다. 이러한 주장을 하는 대표적인 사람은 구글의 엔지니어링 이사이며 미래학자로도 유명한 레이 커즈와일(Ray Kurzweil)인데요, 그는 특이점에 도달한 이후에는 인간이 더 이상 일할 필요가 없어질 것이라고 이야기합니다.

앞에서 말했듯이 사람들은 일을 통해 돈을 벌기도 하지만 한편으로는 자신의 가치를 증명하고 존재 의의를 확인하기도 합니다. 바로 그러한 점에서 경제적 문제와 자아실현 사이에서 갈등하기도 하고요. 그런데 일하지 않아도 생활에 아무 지장이 없는 시대가 온다면 더 이상 노동을 살아가는 데 꼭 필요한 수단으로 여길 필요가 없어질 것입니다. 그러면 사람들은 먹고살기 위해 어쩔 수 없이 일할 때보다 훨씬 자유롭게 자신이

📶 특이점이란?

특이점이란 인공지능이 점점 발전하여 인류의 지성을 뛰어넘는 초인공지능이 출현할 것으로 예상되는 가상의 시점을 뜻합니다. 특이점을 주장하는 학자들은 그 시점을 넘는 순간 과학 기술이 폭발적으로 발전하고 그로 인해 인간의 생활 방식도 격변하여 다시는 이전으로 돌아갈 수 없을 만큼 바뀔 것이라고 말합니다.

특이점에 대한 발상은 1993년 컴퓨터과학자이자 SF 소설가인 베너 빈지(Vernor Vinge)가 처음 떠올렸습니다. 이후 인공지능 연구자인 레이 커즈와일이 빈지의 생각을 더욱 확장했지요. 그는 《21세기 호모사피엔스(The Age of Spiritual Machines)》(1999)에서 수확가속의 법칙이라는 개념을 도입했습니다. 쉽게 설명하면, 기술의 진보는 시간의 흐름에 따라 균등하게 일어나는 것이 아니라, 일정 시점을 기준으로 기하급수적으로 발전하는 양상을 보인다는 것입니다. 18세기 증기기관의 발명으로 일어난 산업혁명이 그 대표적인 예입니다. 특이점이란 이처럼 기술의 기하급수적 진보가 일어나는 기점을 지칭하는 것이며, 초인공지능의 출현이 인류에게 다가올 새로운 특이점이라는 것이지요. 커즈와일은 《특이점이 온다(The Singularity Is Near)》(2007)에서 특이점을 2045년경으로 예측하기도 했습니다.

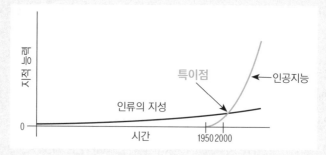

좋아하는 일을 찾을 수 있고, 그 분야에 몰두하며 창조성을 발휘할 수 있 겠지요. 커즈와일은 인공지능 기술이 보편화되어 모든 사람들이 하고 싶 은 일을 할 수 있게 된다면, 전 지구적 규모로 창조성이 개화하여 더 발전 한 새로운 문명이 태어날 것이라 낙관합니다. 즉 노동을 반드시 해야 하 는 신성한 것이 아닌 경제 생활을 위한 수단이라고 생각을 바꾸고, 노동 에 쓰던 에너지를 더 창의적인 방향으로 발휘한다면, 인류는 한 걸음 더 나아가 엄청난 문화를 이룩할 수 있을 것이라는 말입니다.

일하지 않아도 돈을 준다고?

특이점에 대한 논의는 기본소득제에 관한 논의로도 이어집니다. '기본소 득제'란 사회 제도를 통해 일을 하지 않아도 모든 사람들에게 얼마간의 돈을 주어 최소한의 #기본소득을 보장해 주는 제도를 뜻합니다. 일을 하 지 않아도 돈을 준다니, 조금은 이상하게 들리는 말이지요? 앞서 인공지 능의 발달로 로봇이 사람들의 일을 대신할 수 있게 되면, 부자인 사람들 은 더 많은 돈을 벌고 가난한 사람들은 더 가난해질 수도 있다는 이야기 를 했었지요. 그러나 이러한 현상이 점점 심해지면 부자들이라 할지라도 마냥 좋아할 수만은 없을 것입니다. 가난한 사람들이 돈을 벌지 못한다 면 부자들이 아무리 많은 물건을 만들어 내도 살 수 있는 사람이 없기 때 문이지요. 사회 전체적으로 잉여 생산물은 점점 늘어나는데 그것을 소비 할 사람이 없다면 결국 경제 체제는 붕괴할 것입니다.

　이러한 부정적인 미래를 막기 위한 하나의 방편으로 고안된 개념이 기 본소득입니다. 기술의 발전으로 생기는 커다란 이득을 사회 구성원들에게 어느 정도 골고루 분배하자는 것이지요. 사람들이 일을 하든 하지 않든, 기본소득을 받아서 필수적인 소비를 하며 생활을 유지할 수 있도록 말입니다. 이를 통해 안정적인 경제 체제가 유지되고, 커즈와일의 주장처럼 많은 사람들이 생업을 벗어나 창의적인 일에 몰두하여 더 발전된 문화를 꽃피울 수 있을 것이라는 생각이지요.

이와 같은 기본소득에 대한 논의는 나라마다 사람들마다 의견이 다양하게 갈립니다. 4차산업혁명 시대에 들어선 현재 시점에서 서둘러 추진해야 할 제도라는 의견도 있지만, 아직은 너무 급진적이고 시기상조라는 반대 의견도 만만치 않습니다. 현재 우리나라에서도 기본소득을 도입하자는 주장이 다양한 단체와 학자들을 통해 제기되고 있습니다. 유럽 국가들 중에는 정부 차원에서 기본소득제 도입을 논의하는 곳들도 있고요. 기본소득제에 대한 여러 형태의 실험과 그 결과에 대한 치열한 공방이 계속되며 논의는 여전히 진행 중입니다.

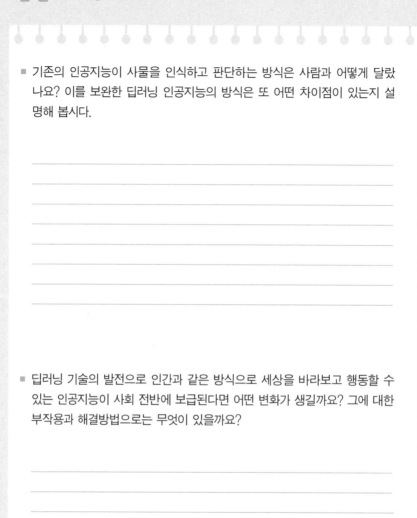

곰곰이 생각하기

■ 기존의 인공지능이 사물을 인식하고 판단하는 방식은 사람과 어떻게 달랐
나요? 이를 보완한 딥러닝 인공지능의 방식은 또 어떤 차이점이 있는지 설
명해 봅시다.

■ 딥러닝 기술의 발전으로 인간과 같은 방식으로 세상을 바라보고 행동할 수
있는 인공지능이 사회 전반에 보급된다면 어떤 변화가 생길까요? 그에 대한
부작용과 해결방법으로는 무엇이 있을까요?

■ 아무 일도 하지 않아도 평범한 수준의 생활을 유지할 수 있는 세상이 된다면 어떨 것 같나요? 긍정적인 측면과 부정적인 측면으로 나누어 생각해 봅시다.

■ 4차산업 시대 노동의 가치와 의미에 대하여 새롭게 정의해 봅시다. 또 4차산업 사회의 구성원으로서 자신은 무슨 일을 하며 살고 싶은지, 그 일에 어떤 가치를 두고 싶은지 이야기해 봅시다.

Chapter

02

인류를 위협하는 로봇이 나타날까?

여는 이야기

로봇이란?

여러분은 '로봇' 하면 무엇이 제일 먼저 떠오르나요? 세대에 따라 다르겠지만 보통은 건담, 트랜스포머, 로보카 폴리 등 영화나 만화 속 로봇의 모습이겠죠? 부모님 세대에서는 마징가 제트나 로봇 태권브이, 아톰 등을 떠올릴 수도 있겠네요. 여기서 나오는 로봇들의 공통점은 모두 인간형 로봇, 즉 휴머노이드라는 것입니다. 하지만 사실 4차산업 시대에 '로봇'이라 불리는 것들은 훨씬 더 다양한 모습을 가지고 있습니다.

로봇이란 단어를 맨 처음 사용한 사람은 체코슬로바키아의 카렐 차페크(Karel Capek)라는 희곡 작가였습니다. 그는 농노의 강제 노동을 의미하는 체코슬로바키아어 '로보타(robota)'에서 아이디어를 얻어 1920년 〈로봇 RUR(Rossum's Universal Robots)〉★에 인간과 똑같이 일할 수 있으나 감정을 느끼지 못하는 인조인간 로봇을 등장시켰습니다. 그래서 초기에 로봇 개발은 인간과 비슷한 모습을 하고 비슷한 방식으로 일을 하는 점에 초점이 맞추어져 있었습니다. 그러나 인간을 닮은 로봇을 만든다는 것에는 기술적으로 많은 어려움이 따랐지요. (인간을 닮은 휴머노이드는 이제야 걷고 뛰는 것이 가능하게 되었답니다.) 이러한 문제 때문에 20세기 후반부터 로봇에 대한 정의는 인간을 닮지 않았더라도 스스로 일할 수 있

★ 초기에 인간의 지배를 받던 로봇이 점점 지능이 발달하여 나중에는 인간을 멸망시키는 내용을 담고 있다.

는 능력을 갖추었느냐에 더 중점을 두게 됩니다. 현재 로봇의 사전적 정의는 스스로 보유한 능력으로 주어진 일을 자동으로 처리하거나 작동하는 기계를 말합니다.★ 쉽게 말해 자동으로 작업하는 능력을 가진 기계를 뜻한다고 볼 수 있지요. 최근에는 이러한 로봇에 머신러닝이나 딥러닝처

📶 로봇을 부르는 다양한 이름 – 휴머노이드, 안드로이드, 사이보그

20세기 후반부터 우리 주변에 많은 산업로봇들이 등장합니다. 로봇의 범위를 넓히면 공장에서 쓰이는 자동화된 기계도 로봇이라 할 수 있죠. 그래서 넓은 의미의 로봇과 구별해서 인간과 닮은 로봇을 따로 휴머노이드, 안드로이드, 사이보그라고 칭합니다.

휴머노이드

휴머노이드는 인간 신체의 특징적인 부분을 갖춘 로봇을 통칭합니다. 일반적으로 머리와 두 팔, 두 다리가 있으며 이족보행을 하면 휴머노이드라고 할 수 있습니다. 휴머노이드는 기술적으로 현재에도 어렵지 않게 찾아볼 수 있습니다. 일본에서 만든 '아시모'나 우리나라 카이스트에서 만든 '휴보' 등이 대표적인 휴머노이드입니다.

휴보는 한국과학기술원에서 개발한 한국 최초의 휴머노이드 로봇으로, 연구 개발을 통해 지속적으로 개선된 버전이 나오고 있습니다. 2015년 재난대응 로봇대회에서 우승하고, 2018 동계올림픽 성화를 봉송하는 등 다양한 분야에서 성과를 보이고 있습니다.

★ 두산백과 사전 인용

안드로이드

안드로이드는 SF영화에서 많이 등장하지요. 휴머노이드의 한 종류라고 할 수도 있습니다. 인간의 신체적 특징뿐 아니라 외형, 걸음걸이, 언어 등이 인간과 거의 흡사한 로봇을 말합니다. 외형적으로는 진짜 사람과 거의 구분이 불가능할 정도이지요. 여러 미디어 속에 이런 안드로이드가 자주 등장하지만 기술적 한계 때문에 현실화되기에는 아직 먼 이야기입니다.

영화 〈AI〉의 주인공 데이빗은 극중 로봇 회사 사이버트로닉스에서 만들어진 최초의 감정형 아이 로봇입니다. 생김새는 인간과 구분하지 못할 정도지만 로봇이기 때문에 실제로 음식을 먹거나 잠을 자지는 않지요.

사이보그

사이보그는 사이버네틱(cybernetic)과 유기체(organism)의 합성어입니다. 말 그대로 기계와 유기체가 결합하여 만들어진 것을 뜻합니다. 예를 들어 영화 〈로보캅〉이나 〈저스티스리그〉의 주인공처럼 인간의 뇌를 가졌지만 몸은 로봇으로 이루어진 것이 대표적인 사이보그라 할 수 있겠지요. 쉽게 말해서 신체의 일부가 기계로 대체된 사람을 사이보그라고 생각하면 됩니다.

영화 〈저스티스리그〉의 사이보그는 원래 고등학생 풋볼 선수였던 빅터 스톤이 사고에 휩쓸려 몸의 절반 이상이 첨단 기술이 도입된 기계신체로 대체된 캐릭터입니다.

럼 계속해서 진화하는 인공지능이 탑재되어 우리 생활에 점점 더 밀접한 영향을 끼치고 있습니다.

인간과 로봇이 공존하는 미래는 어떤 모습일까?

1984년 나온 〈터미네이터〉는 미래 인류와 로봇의 끊임없는 전쟁을 소재로 한 영화입니다. 영화의 대략적인 줄거리는 이렇습니다. 1997년 인공지능 무기 통세 시스템이던 스카이넷이 핵전쟁을 일으켜 인류를 지배하게 되고, 이에 인류는 저항군을 조직하여 맞섭니다. 2029년 드디어 인류가 로봇을 이기기 직전, 로봇들의 본체 격인 스카이넷은 인간 저항군 사령관 존 코너의 탄생을 막기 위해 타임머신을 이용해 살인 로봇인 T-800을 1984년으로 보냅니다. 그리고 인간 측에서도 이를 막기 위해 카일 리스라는 인간을 보내 존 코너의 어머니인 사라 코너를 지키도록 합니다.

이 영화가 처음 만들어진 시점은 윈도우가 탄생하기 무려 11년 전인 1984년이었습니다. 그 당시에 인공지능 컴퓨터가 인류를 공격하고 지배할 수도 있다는 이야기는 많은 사람에게 충격을 안겨 주었고, 한편으로는 상상력을 자극하기도 했습니다. 이후 인공지능 로봇이 등장하는 미래 사회의 모습을 담은 여러 편의 SF영화가 뒤를 이었는데요, 씁쓸하게도 대부분의 영화에서 인류와 인공지능 로봇은 서로를 적대시하는 모습으로 그려졌습니다.

죄수의 딜레마와 사슴 사냥 게임

죄수의 딜레마 이론

그렇다면 정말로 영화처럼 인간이 만든 인공지능 로봇이 인간을 공격할 수도 있을까요? 이 문제의 답을 구하기 위해 먼저 살펴보아야 할 이론이 있습니다. '#죄수의 딜레마'라는 유명한 이론인데요, 요약하면 다수의 사람들은 서로 협력할 경우 모두에게 이익이 되는 상황이더라도 상대에 대한 불신과 자신의 욕심 때문에 최선의 선택을 하지 않는다는 것입니다. 이를 좀 더 자세히 설명하면 다음 그림과 같습니다.

죄수의 딜레마		죄수 B			
		자백		부인	
죄수 A	자백	5년	5년	0년	10년
	부인	10년	0년	1년	1년

두 명의 공범이 각각 범행을 자백할 것인지 부인할 것인지 선택해야 한다.

상황1 둘 다 자백 ☞ 둘 다 징역 5년 형

상황2 둘 다 부인 ☞ 둘 다 징역 1년 형

상황3 한 명 자백, 한 명 부인 ☞ 자백한 사람 무죄, 부인한 사람 10년 형

　죄수의 딜레마에서 내가 자백했을 때는 무죄, 또는 5년 형에 처해집니다. 이를 평균으로 계산하면 2.5년 형의 선고가 내려진다고 볼 수 있지요. 그러나 내가 부인했을 경우엔 1년 또는 10년 형에 처해지므로 평균 5.5년 형의 확률을 가진다고 볼 수 있습니다. 따라서 대부분의 사람들은 확률적으로 자신에게 유리한 자백을 함으로써 다른 공범자를 배신하게 될 확률이 높습니다. 사실 두 사람 모두에게 가장 좋은 선택은 둘 다 범행을 부인하고 1년씩만 복역하는 것이지요. 그러나 사람들은 대개 다른 사람을 완전히 신뢰하지 못하기 때문에 자신의 이익만을 고려한 선택을

합니다. 자신이 자백하지 않았는데 상대방이 자백해 버리면 혼자 10년 형을 살아야 하지만, 내가 먼저 자백한다면 상대가 혹시 자백하더라도 5년 형만 받기 때문이지요.★ 그래서 상대방에 대한 신뢰가 크지 않다면 먼저 자백을 하게 되는 것입니다.

사슴 사냥 게임

사람은 항상 자기의 이익을 위하여 배신만 할까요? 그렇지는 않습니다. 실제로 우리 주변에서는 협력을 통해 큰 이익을 얻는 사례 또한 흔히 볼 수 있습니다. 죄수의 딜레마와 반대되는 이론이 바로 '#사슴 사냥 게임' 입니다. 사슴 사냥 게임은 루소의 '인간 불평등 기원론'에서 나온 이론으로 사람들이 어떤 상황에서 협력하는지를 보여 줍니다.

　　두 명의 사냥꾼이 있습니다. 이 둘은 협력해서 사슴을 잡을 수도 있고, 각자 토끼를 잡을 수도 있습니다. 사슴은 덩치가 커서 혼자서는 잡을 수 없지만 협력하여 잡기만 하면 둘이 나눠도 토끼보다 훨씬 큰 이득을 얻을 수 있습니다. 그런데 한 사냥꾼이 사슴보다 먼저 눈에 띈 토끼를 쫓아가 잡으면 그 사냥꾼은 토끼 한 마리를 얻게 되겠지만 사슴을 쫓던 다른 사냥꾼은 사냥에 실패하고 말 것입니다. 자, 사냥이 시작되었습니다. 각 사냥꾼은 상대방이 무엇을 선택할지 모르는 채로 사슴과 토끼 중 무엇을 쫓을지 선택해야 합니다. 과연 무엇을 쫓는 것이 이득일까요? 이를

★　이러한 죄수의 딜레마를 해결하기 위해서는 전체의 입장을 생각해서 모두에게 최선의 결과가 되도록 효과적으로 통제할 수 있는 기관이 필요하다. 이 통제집단의 필요성 때문에 외부의 권력이나 정부가 개입하게 되는 것이다.

두 명의 사냥꾼이 각각 사슴과 토끼 중 하나를 선택해야 한다.

상황1 둘 다 사슴을 쫓는다 ☞ 사슴을 잡을 수 있다.

상황2 둘 다 토끼를 쫓는다 ☞ 둘 다 각자의 토끼를 잡을 수 있다.

상황3 한 명은 사슴, 한 명은 토끼를 쫓는다 ☞ 토끼를 쫓는 사람은 토끼를 잡을 수 있고, 사슴을 쫓는 사람은 아무것도 못 잡는다.

위한 경우의 수를 살펴볼까요?

먼저 한 사람이 사슴을 쫓을 경우, 다른 상대방의 선택에 따라 사슴을 잡거나 아무것도 못 잡을 수 있습니다. 그러나 처음부터 토끼를 쫓는다면 사슴은 못 잡지만 토끼는 확실하게 잡을 수 있습니다. 단순하게 생각하기 위해 사슴을 잡으면 4, 토끼를 잡으면 1의 이익을 얻는다고 가정해 봅시다. 둘 다 사슴을 쫓아 사냥에 성공하면 각각 2의 이득을 얻을 것이고, 한 명이 먼저 배신하여 토끼를 쫓는다면 그는 1, 사슴을 쫓던 사람은 사냥에 실패하여 0의 이득을 얻을 것입니다. 처음부터 사슴을 잡기로 약속하고 서로 약속을 지키는 것이 가장 큰 이득을 얻을 수 있는 길이지요. 단, 상대가 먼저 배신하지 않을 것이라는 신뢰가 있다면요.

사슴 사냥 게임과 죄수의 딜레마에서 가장 큰 차이점은 배신에 대한 이득이 없다는 점입니다. 죄수의 딜레마 상황에서 같이 범죄를 부인하기로 약속하고는 한 사람이 배신하여 자백을 한다면, 배신한 사람은 1년 형보다 적은 무죄 선고를 받을 수 있습니다. 그러나 사슴 사냥 게임에서는 사슴을 쫓자고 해놓고 토끼를 쫓으면 약속을 지켰을 때보다 오히려 손해를 보게 됩니다. 따라서 자신의 이득을 생각해서라도 사슴을 쫓을 확률이 높습니다. 이처럼 서로 협력했을 때 기대되는 이익이 같거나 더 크다면 협력할 가능성이 높다는 것이 사슴 사냥 게임 이론입니다.

로봇도 사람처럼 행동할까?

앞서 서로 다른 상황에서 인간이 어떻게 행동하는지에 대해 설명했습니다. 그렇다면 로봇도 인간과 똑같이 행동할까요? 인공지능은 로봇의 '두뇌'라고 할 수 있지요. 구글의 딥마인드에서는 딥러닝을 기반으로 개발한 인공지능으로 두 가지 실험을 해 보았습니다.

인공지능도 이득을 위해 상대방을 배신할까?

딥마인드에서는 2017년 비협력적 상황을 가정한 죄수의 딜레마를 변형하여 인공지능이 어떤 선택을 하는지 실험하였습니다. 이를 위해 죄수의 딜레마와 유사한 규칙을 가진 '사과 모으기' 게임을 만들었습니다. 사과 모으기 게임의 목적은 화면상에 흩어져 있는 여러 개의 사과(그림에서 회색 점)를 최대한 많이 모으는 것입니다. 이 게임에는 색상이 다른 두 개의 점(그림에서 흰색과 초록색)으로 표시되는 두 인공지능이 참가합니다. 게임 도중 상대 인공지능을 향해 레이저를 쏘면 그 인공지능은 잠시 사라지고, 상대가 사라진 시간 동안은 사과를 독점할 수 있습니다.

이 그림은 '사과 모으기 게임' 화면입니다. 가운데 흰색과 초록색 두 개의 점이 두 인공지능을 나타냅니다. 두 인공지능에게 주변에 흩어져 있는 사과(회색 점)를 최대한 많이 모으라는 명령어를 입력했습니다.

과연 인공지능도 자신의 이익을 위해서 상대방을 공격했을까요? 두 인공지능은 실험을 시작하고 얼마 되지 않아 사과가 많을 때는 평범하게 사과를 모았습니다. 그러나 시간이 지나면서 상대에게 레이저를 쏘면 자신에게 유리한 상황이 만들어진다는 것을 학습한 후에는 상대를 공격하는 데 집중하기 시작했습니다. 이 실험 결과는 인공지능도 결국 자신의 이익을 위해서 상대방을 배신할 수 있다는 것을 보여 줍니다. 입력된 제1명령을 수행하기 위해 수단과 방법을 가리지 않는다는 것이지요. 어떻게 보면 감정이 없기 때문에 다른 인공지능이나 인간을 해치는 일에 아무런 망설임이 없을지도 모릅니다.

인공지능도 이득을 위해 서로 협력할까?

딥마인드는 '사슴 사냥 게임'의 상황을 반영한 '울프팩(Wolfpack) 게임'도 진행했습니다. 울프팩 게임은 같은 색상의 블록(그림에서 초록색)으로 표시된 두 인공지능이 다른 색상의 블록(그림에서 흰색)을 잡으면 점수를 얻는 게임입니다. 이번에는 다른 색상의 블록을 잡을 때 혼자 잡으면 잡은 블록만 점수를 얻을 수 있고, 협력해서 잡으면 두 블록 모두 두 배의 점수를 얻도록 만들었습니다.

이 게임은 서로 협력하면 이득이 발생하는 상황에서 인공지능이 어떻게 반응하는지를 알고자 하는 실험이었습니다. 실험 결과 인공지능은 처음에는 혼자 다른 색상의 블록을 잡지만, 시간이 지나면서 협력을 통해 블록을 잡는 것으로 나타났습니다. 즉 인공지능도 어떤 보상을 주느냐에 따라 사람처럼 협력이 가능하다는 것을 보여 주었습니다.

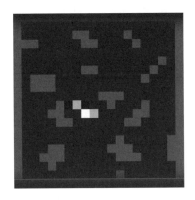

이 그림은 울프팩 게임의 화면입니다. 두 개의 초록색 점은 두 인공지능을 나타내며, 중앙의 흰색 블록을 잡으면 점수를 얻을 수 있습니다.

딥마인드의 두 가지 실험은 인공지능 또한 상황에 따라서 인간처럼 행동할 수 있다는 사실을 말해 줍니다. 자신의 이익을 위해서 배신을 하거나 공격적인 행동을 할 수도 있지만, 때로는 협력하는 행동을 할 수도 있습니다. 테슬라의 최고경영자 엘론 머스크(Elon Musk)가 동료들과 공동 설립한 비영리 인공지능 연구 기업 오픈AI(OpenAI)가 발표한 연구보고서에 따르면, 인공지능의 제약을 없애면 거의 모든 지적 능력에서 인간의 능력에 도달할 것이라고 합니다. 이러한 예측에 딥마인드의 실험 결과를 더해 보면 "미래에는 인간과 비슷하게 사고하면서 인간보다 뛰어난 학습능력을 지닌 소프트웨어가 출현할 수 있다"는 결론이 나오게 됩니다.

'로봇 윤리'가 필요한 이유?

착한 로봇, 나쁜 로봇?

딥마인드의 실험 결과를 보면 결국 인공지능 로봇은 인간처럼 선하게도, 또 악하게도 될 수 있을 것입니다. 이는 인공지능 자체가 실제로 선하거나 악한 성품을 지닐 수 있다는 의미는 아닙니다. 아직까지 스스로를 인식하는 자아를 지닌 인공지능을 논할 단계는 아니고, 자아가 없는 인공지능이 (보편적으로 의미하는) 인간적 양심이나 성품을 가지기는 어렵겠지요. 현재 시점에서 논의하는 #로봇 윤리란, 인간이 어떠한 목적을 가지고 인공지능을 만들었을 때 그 목적이 악의적이거나 잘못되었다면 정말로 영화에 나오는 것처럼 로봇들이 인간을 해치는 일이 생길 수도 있다는 차원의 이야기입니다. 앞서 인간의 행동 패턴에 빗대어 인공지능의 행동을 살펴본 것도 이 때문입니다. 결국 인공지능은 인간이 만들고 가르치는 것을 토대로 판단하고 결정하게 되기 때문입니다.

그렇다면 영화 〈터미네이터〉의 스카이넷처럼 인간을 공격하거나 배신하는 로봇이 아니라 인간에게 도움을 주고 협력하는 로봇을 만들려면 어떻게 해야 할까요? 이 물음에 대한 답은 결국 인간이 어떤 환경을 만들어 주느냐에 달려 있을 것입니다. 인간이 애초에 어떤 명령을 입력하느냐에 따라 인공지능은 배신도 협력도 할 수 있을 것이기 때문입니다. 인공지능이 계속해서 더 발전한다면 인공지능은 입력된 데이터와 알고리즘을 기반으로 스스로 상황을 판단할 수 있게 될 것입니다. 그렇다면 그때 인공지능이 가장 우선시해야 할 원칙은 어떻게 정할 수 있을까요?

로봇 윤리에 대한 최초의 고민, 아시모프의 로봇 3원칙

지금보다 훨씬 더 예전에 로봇 윤리에 대해 일찌감치 고민한 사람이 있었습니다. 바로 아이작 아시모프(Isaac Asimov, 1920~1992)라는 과학자이자 유명한 SF 소설가입니다. 그가 쓴 많은 작품들은 후대에 큰 영향을 끼쳤습니다. 〈바이센테니얼 맨〉(2000)이나 〈아이, 로봇〉(2004)과 같은 할리우드 영화는 그의 작품을 원작으로 만들어졌고, 지금까지도 유명한 시리즈인 〈스타워즈〉나 〈스타트랙〉 등도 큰 영향을 받았습니다. 많은 이들이 그의 소설을 통해 미래 사회에 대한 상상력을 키웠던 것이지요.

아이작 아시모프는 오래전부터 인공지능 로봇이 보편화된 미래를 상상하며 로봇과의 공존에 대해 고민했습니다. 그래서 고안해 낸 것이 인공지능 로봇이 인간을 해치지 않도록 하기 위해 반드시 따라야 하는 '로봇 3원칙'입니다. 그는 1942년 펴낸 공상과학소설 《런어라운드》에서 다음과 같은 세 가지 명령어를 제시하였습니다.

아시모프의 로봇 3원칙

첫째, 로봇은 행동하거나, 행동하지 않음으로써 인간에게 해를 끼쳐서는 안 된다.

둘째, 로봇은 첫째 원칙에 위배되지 않는 한 인간이 내리는 명령에 복종해야 한다.

셋째, 로봇은 첫째와 둘째 원칙에 위배되지 않는 한 로봇 스스로 자신을 보호해야 한다.

로봇 3원칙의 모순

아시모프가 고안한 이 세 가지 명령만으로 과연 인류는 로봇의 위협으로부터 안전을 지킬 수 있을까요? 명확하게 그렇다고 대답하기는 어렵습니다. #아시모프의 로봇 3원칙에는 몇 가지 허점이 있기 때문이지요. 먼저, 명령의 범위가 명확하지 않습니다. 예를 들어 첫 번째 원칙의 '해를 끼친다'는 의미에 대해서도 그 한계에 대한 범위가 서로 다를 수 있습니다. 직접적으로 해를 끼치는 경우만 있는 것이 아니라 간접적으로 해를 끼치는 경우도 얼마든지 있지요. 어떤 행동이든 그에 따른 수많은 결과가 생길 것이고, 그 모든 결과를 예측하여 행동하기는 어렵습니다. 실제로 해를 끼치려는 의도가 전혀 없었더라도 결과적으로 해가 되는 상황이 생길 수 있다는 것이지요. 따라서 명령을 수행하기 위해서는 로봇의 자의적 판단이 먼저 이루어져야 합니다. 그런데 이러한 로봇의 판단을 어디까지 믿고 신뢰할 수 있을까요?

또한 아시모프의 로봇 3원칙에는 로봇이 명령을 지킬 수 없는 상태에 대한 대책이 담겨 있지 않습니다. 만약 트롤리 딜레마*처럼 어떤 선택을 해도 아시모프의 규칙에 위반되는 상황이라면 로봇은 어떠한 기준으로 행동하게 될까요? 모순된 상황에서 로봇에 탑재된 인공지능 프로그램이 서로 충돌하여 정상적으로 가동하지 않고 오류를 일으키지는 않을까요?

★ 트롤리 딜레마란 윤리학의 유명한 사고실험 문제 중 하나이다. 멈출 수 없는 기차가 진행 중인 선로에는 다섯 사람이 서 있어서 그대로 지나가면 그 사람들이 죽고, 갈림길에서 다른 방향으로 선로를 바꾸면 다른 쪽 선로에 서 있던 한 사람이 죽게 된다. 이 질문에 어떤 선택을 하는가에 따라 개인의 윤리관과 도덕관을 알아볼 수 있지만, 결국 이느 쪽을 선택히더라도 어느 한쪽의 희생은 피할 수 없다. (더 자세한 내용은 p. 144 참조)

이러한 상황에서 로봇이 어떻게 행동할지 예측하기 어렵다는 것은 우리에게는 매우 위협적인 일입니다.

아시모프의 로봇 3원칙이 처음 제안된 것이 1942년이니 그 후로 무척 오랜 시간이 지났습니다. 기술의 발전 속도에 비추어 보면 더더욱 그렇지요. 또한 그 유래가 공상과학소설로부터 시작했던 것처럼, 당장 현실에 적용할 것을 예상하고 만들어진 것도 아닐 것입니다. 당시에 스스로 판단하고 움직이는 로봇이란 상상 속 이야기였을 테니까요. 하지만 그때의 상상은 점점 현실이 되어 가고 있습니다. 당시 상상했던 것보다도 더욱 고

📶 카카오가 발표한 국내 기업 최초의 인공지능 윤리 규범

카카오톡으로 유명한 IT기업 카카오는 2018년 1월 '카카오 알고리즘 윤리 헌장'을 발표했습니다. 앞서 실험에도 등장한 딥마인드는 구글에 인수될 당시 인수 조건 중 하나로 인공지능 관련 윤리 규정을 만들도록 했다는 일화도 있었지요. 국내 기업 중 인공지능(AI) 기술과 관련해 알고리즘 규범을 만들어 발표한 것은 카카오가 처음입니다.

카카오 알고리즘 윤리 헌장은 인공지능 기술의 지향점과 데이터 수집 관리 원칙, 알고리즘의 설명 의무 등을 담고 있습니다. 또한 인공지능 기술의 목표를 '인류의 편익과 행복 추구'로 정하고, 인공지능 데이터 분석을 통해 의도적으로 사회적 약자를 차별하지 않도록 경계해야 한다고 명시하고 있습니다.

카카오는 알고리즘 개발 중에 일어날 수 있는 윤리적 문제들에 대비하고 인공지능 기술 기업으로서 사회적 책임을 다하기 위해 이러한 윤리 헌장을 만들었다고 합니다. 앞으로 인공지능 기술이 점점 더 발달하면서 이처럼 인공지능 개발에 관련된 구체적인 윤리 규범의 확립이 꼭 필요한 과정으로 자리 잡게 되지 않을까요?

차원적인 인공지능 로봇들이 연구·개발되고 있고, 그 상용화도 머지않아 보입니다. 그러므로 인류는 아시모프의 3원칙을 보완하여 더 상세하고 명확한 로봇 윤리를 정립할 필요가 있겠지요.

가장 윤리적이어야 할 인공지능, 군사 로봇

로봇 윤리에 대해 거론할 때 가장 많은 이야기가 나오는 분야 중 하나는 군사 로봇 분야입니다. 여러 분야에서 연구되고 있는 인공지능 로봇 중 유독 군사 로봇에 대한 찬반양론이 뜨거운 것은 이들에게 인간을 죽거나 다치게 할 수 있는 무기가 주어지기 때문입니다. 앞서 소개한 〈터미네이터〉에서 처음 인간을 공격하고 인간을 지배하려고 한 스카이넷도 핵무기를 관리하는 일종의 군사 로봇이었죠.

사실 군사 로봇은 이미 그 존재 자체가 아시모프의 로봇 3원칙을 위배하고 있습니다. 인간을 죽이기 위해 만들어진 로봇인 셈이니까요. 그러나 다른 어떤 분야보다 현실적인 효용성 때문에 끊임없는 연구와 개발이 이루어지는 분야이기도 합니다. 누구나 위험한 전투나 도덕적으로 가책을 느끼는 군사행동을 하고 싶어 하지 않으니까요. 역설적이지만 인간을 지키기 위해서 인간을 해칠 수 있는 군사 로봇을 만들게 되는 것이지요.

군사산업의 대표주자 격인 미국은 이라크와 아프가니스탄 전을 통해 이미 전투 로봇의 가능성을 확인했습니다. 이라크 전쟁이 시작된 2003년만 해도 이라크 전에 배치된 지상 로봇은 적의 탐지나 폭발물 제거 등에 쓰이는 극소수밖에 없었지만 지금은 1만 2000대가 넘을 정도로 급격하게 늘어나고 있습니다.

이처럼 군사 로봇의 보급은 점점 확대되고 있지만 이에 관련된 윤리적인 문제들은 여전히 논란이 되고 있습니다. 전투에 배치된 로봇이 민간인과 군인, 혹은 아군과 적군을 구별하지 못하고 공격할 가능성에 대해 우려하는 것이지요. 국제법에는 적국이라도 전쟁터에서 민간인을 공격하는 행위는 금지되어 있으며, 이러한 일이 벌어지면 전 세계적으로 비난의 대상이 됩니다. 영국 셰필드대학교에서 로봇공학과 인공지능을 가르치는 노엘 샤키(Noel Sharkey) 교수는 〈가디언〉지와의 인터뷰에서 "군사 로봇이 도덕적인 쟁점이나 국제 규범에 대한 검토 없이 너무 빨리 개발되고 있다"며 "사탕을 든 아이와 총을 든 남자를 구별할 수 없는 상황에서 무분별하게 이용된다면 이는 윤리적으로 문제"가 될 것이라고 지적했습니다. 가장 큰 문제는 군사 로봇의 윤리적 결함이 돌이키기 어려울 정도로 큰 피해를 불러올 수 있음에도 여러 강대국들이 이 문제의 심각성을 외면한 채 군사력 경쟁에만 몰두하고 있다는 것입니다. 다시 말해, 더 안전하고 더 윤리적인 로봇을 개발하기 위해 애쓰기보다는 더 효과적으로 더 빠르게 군사 로봇 인공지능을 완성시키려고만 한다는 것입니다.

이처럼 로봇의 윤리 문제는 더 이상 먼 미래의 고민거리가 아닙니다. 군사 로봇은 로봇 윤리가 가장 필요한 분야임에 틀림없지만 유일하게 필요한 분야는 아닙니다. 군사 로봇 외에도 산업이나 서비스 분야에서 이미 다양한 종류의 인공지능 로봇이 도입되고 있습니다. 따라서 각 분야의 특성을 고려하여 로봇 윤리에 대한 개념과 규제를 정립해야 할 것입니다.

로봇 윤리와 인공지능의 주체성

로봇 윤리에 대한 논의에서 빠질 수 없는 부분은 로봇의 주체성입니다. 윤리와 책임은 '주체성'을 전제로 하기 때문이지요. 인간이 어떤 도구를 이용해서 나쁜 짓을 했다고 그 도구를 나쁘다고 하지는 않습니다. 예를 들어, 어떤 사람이 과속으로 운전을 하다가 행인을 치어 죽였습니다. 이때 처벌을 받는 것은 운전자이지 그 사람이 몰던 자동차가 아니지요. 얼핏 당연한 말 같지만 이를 인공지능 로봇에 적용하면 복잡해집니다. 인공지능 로봇은 조작하는 대로 움직이기만 하는 기계가 아니라 사람처럼 인지하고 판단하는 능력을 가지기 때문입니다. 즉 인공지능 로봇이 특정한 판단력을 가지고 스스로의 행동을 결정할 수 있다면, 로봇을 주체적인 존재로 인정하고 그에 대한 책임도 물을 수 있겠지요.

로봇에게 윤리적 책임을 지우기 위해서는 로봇을 주체적인 존재로 만들어야 합니다. 그렇기 때문에 인공지능이 완벽한 자율 시스템을 갖는 것에 부정적인 입장을 보이는 사람들도 있습니다. 그들은 인간이 유일한 도덕적인 주체로서 인공지능 로봇에 대한 통제 권한을 가져야 한다고 주장합니다. 인공지능 자체가 어떤 책임의 주체가 되도록 해서는 안 된다는 것이지요. 인공지능과 관련해서 명확한 윤리적 규범이 마련되지 않은 현재로서는 인공지능이 스스로 판단하고 주체성을 가지는 것 자체가 위험하다는 생각입니다.

물론 이에 대한 반대 입장도 있습니다. 구글 리서치팀의 크리스 올라(Chris Olah)는 "인간에게 물어보고 피드백을 요청하면서 안정성을 추구할 수 있지만 모든 것을 인간에게 물어보는 것은 효율성이 떨어진다"라고 말합니다. 모든 선택을 인간에게 맡기려면 인공지능은 판단이 필요할

📶 시민권을 받은 인공지능 로봇 소피아

소피아는 인공지능 회사 '핸슨 로보틱스(Hanson Robotics)'가 개발한 여성형 인공지능 로봇의 이름입니다. 소피아의 얼굴은 유명 여배우 오드리 헵번의 외모를 참고하여 만들어졌고, 인간의 피부와 흡사한 플러버 소재의 피부를 가지고 있어 62가지 감정을 표현할 수 있다고 합니다. 실시간으로 일상적인 대화를 이어나갈 수 있을 정도로 높은 의사소통 능력을 지녔으며, 표정을 지을 뿐 아니라 이야기 도중 눈을 맞추거나 미소를 보이는 등 시선이나 제스처도 마치 사람처럼 자연스럽게 취할 수 있습니다.

소피아는 지난해 사우디아라비아에서 로봇 최초로 시민권을 부여받아 더 유명해졌습니다. 인공지능을 하나의 인격체로 인정했다는 점에서 이례적인 사례로, 당시에 많은 논란을 불러일으켰습니다. 얼마 전에는 4차산업혁명 관련 콘퍼런스에 초청되어 한국을 방문하기도 했습니다.

소피아를 개발한 핸슨 로보틱스의 대표 데이비드 핸슨(David Hanson)은 슈퍼인텔리전스(지능)를 지닌 살아 있는 로봇을 만드는 것이 자신들의 최종 목표라고 말합니다. 인공지능에 인지능력과 상상력을 부여해 인간과 같은 로봇을 만드는 것이지요. 그는 또한 이러한 목표를 이루기 위해서는 로봇이 스스로를 인식할 수 있어야 하며, 로봇도 인격체를 가질 수 있도록 해야 한다고 강조합니다. 그리고 사람들이 로봇을 통제해야 안전하다고 말하는 것은 지능을 가진 생물체를 도구로 이용하기 위해 우리에 가두는 것과 마찬가지로 비윤리적인 행위라고 주장합니다.

국내에서도 로봇에게 전자적 인격체의 지위를 부여하자는 로봇기본법이 발의된 적이 있는데요, 과연 로봇에게 인격을 부여하고 그것을 인정하는 것이 옳은 일일까요?

때마다 모든 것을 인간에게 물어보고 확인받아야 하는데 이러한 과정이 너무 비효율적이라는 의견이지요. 인공지능은 근본적으로 더 편리한 인간의 생활을 위해 등장한 것인데, 비효율적인 인공지능이란 앞뒤가 맞지 않는다는 것입니다.

이처럼 상충하는 두 가지 의견 사이에서 인공지능 로봇에게 어느 정도까지의 주체성을 허락해야 할까요? 이는 사회적으로 깊은 논의가 필요한 문제입니다.

잘못한 로봇은 사형?

문제를 일으킨 로봇의 전원을 끄거나 파괴해 버린다고 해서 그 로봇이 이미 벌어진 문제를 책임졌다고 할 수는 없습니다. 이러한 책임에 대한 판단 기준을 당장 마련하기는 어렵겠지만 다양한 윤리적 딜레마 상황에서 인간의 관점을 모아 보고, 더 많은 토론을 거쳐 합의를 이끌어 내야 합니다. 미래에는 이러한 과정을 거쳐 제정할 법제와 규칙에 따라 인공지능 로봇이 일으킬 수 있는 문제 상황에 대하여 로봇의 소유주, 로봇의 설계자, 로봇을 가능하게 한 제도와 절차, 이런 제도와 절차를 형성한 사회가 그 무게에 따라 책임을 나누어 가져야 할 것입니다.

또한 로봇과 알고리즘의 윤리와 책임 문제를 따지기 위해서는 우선 인공지능의 판단이 언제나 객관적이라는 환상에서 벗어나야 합니다. 로봇과 알고리즘의 설계 단계에서는 필연적으로 설계자의 주관과 편견이 들어가고, 이를 학습하는 데이터에도 마찬가지로 인간의 편견이 반영되기 마련입니다. 앞서 딥마인드 실험에서도 볼 수 있었듯이 인공지능의 사고방식은 그 창조자인 인간을 따라갈 수밖에 없기 때문입니다.

요컨대 앞으로 다가올 미래의 인공지능 로봇은 우리의 상상보다 더 빠르게 진화할 수 있습니다. 그러므로 인공지능 로봇을 윤리적으로 바르게 사용하기 위해서는 기술 개발의 속도에만 관심을 기울이지 말고 어떻게 인간과 조화를 이루어 살아갈 수 있을지를 먼저 고민해야 합니다. 인공지능 로봇의 설계 단계에서부터 어떻게 인간과 같은 책임감을 부여할지, 인간의 사회적 가치와 윤리를 반영할 수 있을지를 고민해야 합니다. 또 인공지능 로봇의 개발과 사용이 사회 전체의 편의와 발전을 위해 올바르게 진행될 수 있도록 도덕적으로 합당한 규제 방안들을 마련해야 할 것입니다.

■ 우리 사회에서 벌어지는 현상 중 죄수의 딜레마와 사슴 사냥 게임에 해당하는 사례를 찾아 말해 봅시다.

■ 비윤리적인 인공지능 로봇의 남용을 막기 위해서 꼭 필요한 법은 무엇이 있을지 세 가지 정도 말해 봅시다.

■ 인공지능 로봇은 스스로 학습하여 윤리적인 판단을 할 수 있는 주체가 될 수 있을까요? 그렇게 생각하거나, 그렇게 생각하지 않는 이유를 근거를 들어 말해 봅시다.

■ 내가 만약 로봇 개발자라면 로봇이 인간과 조화롭게 공존하도록 하기 위해 어떤 윤리 규범을 가르칠 것인지 생각해 봅시다.

Chapter

03

3D프린터로
누구나 만들고 싶은 것을
만들 수 있는
세상이 온다면 어떨까?

3D프린터   # 정보 공유화

지적재산권   # 프로슈머

화성에 집을 짓는 새로운 방법

미래 화성에 지구인들이 살 수 있는 집을 짓기 위해서 얼마나 많은 사람
들과 장비들이 필요할까요? 수많은 사람들이 집을 지을 수 있는 재료들
을 전부 화성으로 싣고 가야겠지요. 문제는 공기가 없는 곳에서 우주복
을 입고 집을 짓는다는 것은 엄청나게 위험한 일일 수 있다는 점입니다.
생각해 볼 수 있는 또 다른 방법은 지구에서 집을 지어서 화성으로 싣고
가는 것입니다. 그러나 이 방법 역시 완성된 집의 부피가 너무 커서 우주
선에 싣고 가기는 어려워 보입니다.

사실 이 문제에는 간단하고 명쾌한 해답이 있습니다. 바로 '#3D프린
터만 보내면 된다'입니다. 3D프린터만 있으면 이 모든 문제를 한번에 해
결할 수가 있습니다. 3D프린터와 재료를 화성에 가지고 가서 원격으로
조종해 건축물을 직접 프린트하면, 재료를 일일이 하나씩 운반하고 집을
짓는 과정을 모두 생략할 수 있습니다. 재료 기술이 좀 더 발전했다고 가
정하면 굳이 재료를 따로 챙겨 가지 않고 그곳에 있는 원료를 그대로 이
용하여 물건들을 만들어 낼 수도 있을 것입니다.

집뿐만이 아닙니다. 화성에서 사람이 살아가는 데 필요한 생필품의
도면을 파일로 전송해서 인쇄버튼만 누르면 뭐든지 현지에서 만들 수 있
을 것입니다. 깜빡하고 중요한 것을 지구에 놓고 왔다고 걱정할 필요가
없는 것이죠.

물론 지금의 3D프린터 기술로는 이런 일들을 현실화하기 어렵고, 아

직 상상만 하는 수준입니다. 가장 중요한 프린팅 재료를 비롯해서 기술적으로 많은 보완과 개발이 이루어져야 가능한 일이지요. 그러나 현재 3D 프린터의 발전 방향과 속도로 볼 때 그리 머지않은 미래에 충분히 일어날 수 있는 일이기도 합니다.

🛜 3D프린터로 지은 집에서 사는 사람들

프랑스 낭트시에 사는 람다니 부부가 세 딸과 함께 이사할 새집은 무척 특별합니다. 방 4개에 욕실 하나가 있는 평범한 단독주택처럼 보이지만, 사실 이 집은 사람이 처음으로 거주하게 되는 3D프린터로 지은 집입니다. 이전에도 여러 나라에서 3D프린터로 집을 지은 적이 있지만 실제로 사람이 살게 된 것은 첫 번째라고 합니다.

프랑스 낭트대학교 연구팀이 3D프린터로 만든 단독주택

3D프린터는 건축 현장에서 4m짜리 로봇팔을 움직여 설계도면대로 벽면을 쌓아 올렸습니다. 먼저 폴리우레탄이라는 재료를 맨 바깥쪽과 맨 안쪽에 쌓고, 그 사이를 콘크리트로 채웠습니다. 작업하는 중간중간 레이저로 위치가 정확한지 점검하면서 단 54시간 만에 95m²(약 29평)의 집 형태를 완성하였습니다. 모든 공사가 3D프린터를 이용해 이루어진 것은 아닙니다. 집의 형태를 다 만들고 난 후에는 기존의 공사 방식으로 창문을 달고 지붕을 올렸습니다.

이러한 3D프린팅 주택에 대한 관심은 전 세계적으로 커지고 있으며 연구개발 경쟁이 치열해지고 있습니다. 네덜란드 에인트호번 공대는 2023년까지 1~3층 규모 주택 5채를 3D프린터로 지어서 임대주택으로 운영할 예정이라고 합니다. 에인트호번 공대 연구진은 3D프린터의 장점을 살려 집을 둥근 바위 형태의 곡면으로 찍어 내기로 했습니다. 연구진은 실내에서 3D프린팅 작업을 한 다음, 현장에서 조립하는 방식을 택했습니다. 한편 3D프린팅 회사인 아피스 코어는 2017년 2월 모스크바에서 3D프린터로 38m²(약 11평)짜리 단독주택을 직접 출력해 시공까지 하루 만에 완성했습니다.

3D프린터는 무엇이든 만들어 내는 도깨비방망이?

3D프린터는 원래 회사에서 새로운 제품을 만들고 실제로 생산하기 전에 미리 시험 삼아 제품(시제품)을 만들어서 더 잘 살펴보기 위한 용도로 개발되었습니다. 처음에는 플라스틱만을 이용해서 제품을 만들 수 있었지만 이후로 계속 발전하여 나일론과 금속 등도 소재로 사용할 수 있게 되었습니다. 현재는 시제품뿐만 아니라 실제 제품을 만드는 데 활용되면서 다양한 분야에서 그 쓰임새가 커지고 있지요.

3D프린터의 원리는 우리가 일반적으로 종이에 인쇄하는 데 사용하는 2D 프린터와 거의 같습니다. 컴퓨터에서 전송한 활자나 그림을 인쇄

하듯이 물건의 도면을 전송하면 이를 바탕으로 물건을 출력해 냅니다. 이때 차이점은 2D 프린터는 종이 위 평면에서만 움직여 잉크를 묻히지만, 3D프린터는 그에 더해 위아래로도 움직여 액체 형태의 재료를 쌓아 올리는 방식으로 입체적인 물건을 만들어 낸다는 것입니다.

3D프린터가 입체 형태를 만드는 방식에 따라 크게 재료를 한 층씩 쌓아 올리는 적층형과 큰 덩어리를 조각하듯이 깎아 가는 절삭형으로 구분하는데, 오늘날 일반화된 방식은 적층형입니다. 이는 석고나 나일론 등의 가루나 플라스틱 액체 또는 플라스틱 실을 종이보다 얇은 층으로 겹겹이 쌓아 물건을 만들어 내는 방식이지요. 이때 한 층 한 층이 얇을수록 더욱 정밀한 형상을 얻을 수 있습니다.

제작 과정은 크게 3단계로 나눌 수 있습니다. 첫 번째는 도면을 제작하는 모델링(modeling) 단계입니다. 이 과정에서 만들고자 하는 물건을 3D 스캐너로 스캔하고 전용 컴퓨터 프로그램을 이용하여 도면을 제작합니다. 두 번째는 제작된 3D 도면을 이용하여 물체를 만드는 프린팅(printing) 단계입니다. 앞서 만든 도면을 3D프린터에 입력하여 실제로 물건을 만들어 내는 과정이지요. 이때 완성에 걸리는 시간은 물건의 크기와 복잡한 정도에 따라 달라집니다. 마지막은 3D프린터를 이용해 만들어진 물건에 색을 칠하거나 표면을 다듬어 매끄럽게 하는 피니싱(finishing) 단계입니다. 앞으로 3D프린터 기술과 재료 산업이 더 발전한다면 지금보다 훨씬 완벽한 제작물을 만들어 낼 수 있을 것이고, 그에 따라 이 마지막 단계를 점점 단축할 수 있을 것이라 예상합니다.

설명만 들으면 3D프린터가 마치 도깨비방망이 같지 않나요? 만들고 싶은 물건을 스캔해서 도면으로 만들고, 그 도면을 입력해서 출력만 하면 똑같은 물건이 나오니까요. 그러나 앞에서도 이야기했듯이 3D프린터의

제작 과정 3단계

1) 모델링

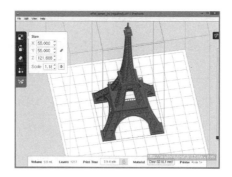

2) 프린팅

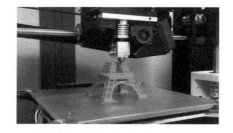

3) 피니싱

기술 발전 정도는 아직 이러한 단계에 이르렀다고 볼 수 없습니다.

물건과 정밀도에 따라 다르긴 하지만 대체로 아직 굉장히 긴 제작 시간이 걸립니다. 연필꽂이 같이 간단한 물건 하나를 완성하는 데도 7~8시간 정도가 걸리니까요. 또한 후가공 작업이 필수일 정도로 완성도 면에서 부족한 결과물이 나오는 경우가 많고, 재료로 쓸 수 있는 소재가 제한적이기 때문에 색상이나 질감의 한계도 있습니다. 출력 방식상 출력물 크기보다 무조건 큰 기계가 필요하기 때문에 공간적인 제한도 크지요. 그리고 무엇보다 3D프린터로 물건을 제작하기 위해서는 사용자가 먼저 디지털 설계도면을 입력할 수 있어야 합니다. 이러한 도면은 여러 사이트를 통해 배포되기도 하지만 개인적으로 원하는 것을 만들기 위해서는 사용자가 복잡한 컴퓨터 전문 프로그램을 다룰 수 있어야 하지요. 이처럼 다양한 한계점들이 3D프린터 대중화에 걸림돌이 되고 있습니다.

3D프린터는 우리 삶을 어떻게 바꿀까?

3D프린터로 만든 자전거는 무엇이 다를까?

여러 기술적 한계들이 있음에도 불구하고 3D프린터 시장이 점점 커지고 있는 이유는 무엇일까요? 그것은 바로 (현재의 한계만 극복해 낸다면) 3D프린터가 기존의 생산 방식과는 비교할 수 없는 커다란 장점과 가능성을 가지고 있기 때문입니다.

3D프린터의 가장 큰 특징 중 하나는 조립이 필요 없는 완전한 제품을 만들 수 있어 내구성을 높일 수 있다는 점입니다. 2011년 EADS(유럽 항공방위산업체)에서는 3D프린터만으로 이음새가 전혀 없는 새로운 차원의 자전거를 만들어 세상을 놀라게 했습니다. 기존 제품들은 부품들을 결합하기 위해서 용접이나 나사를 사용할 수밖에 없습니다. 이런 이음새 부분이 외부의 충격에 가장 약한 부분이지요. 그러나 3D프린터로 완제품을 만든다면 이음새가 없기 때문에 훨씬 더 튼튼한 제품을 생산할 수 있습니다. 실제로 EADS는 바퀴나 페달 등을 따로 만들지 않고 3D프린터로 한 번에 완제품을 만들어 이음새가 전혀 없는 자전거 프레임을 생산했습니다. 3D프린터로 재봉선이 없는 옷을 만들 수도 있습니다. 격렬한 활동을 많이 하거나 옷을 오래 입다 보면 재봉선이 찢어져 난감한 상황이 생기죠. 아무리 두 겹으로 바느질해도 재봉선 부분이 자주 터지곤 합니다. 그러나 3D프린터로 만든 옷은 재봉선이 전혀 없기 때문에 심하게 운동을 하거나 오래 입어도 웬만해서는 찢어지지 않습니다.

또한 3D프린터의 제작 방식은 생산 시간과 비용을 크게 절약할 수 있습니다. 앞서 잠깐 소개했듯이, 미국 샌프란시스코에 위치한 3D프린팅 회사 아피스코어(Apis Cor)는 2017년 3D프린터로 38m²(약 11평) 크기의 집을 모스크바에 지어서 화제가 되었습니다. 추운 날씨의 열악한 환경에서 3D프린터로 출력한 콘크리트 재료를 이용해 24시간 만에 집을 지은 것입니다. 혹시 너무 빨리 지어서 부실하지 않을까 걱정되시나요? 그런데 이 집의 내구성은 175년 정도로 매우 튼튼하다고 합니다. 게다가 이 집을 짓는 데 든 비용은 겨우 1200만 원 정도라고 합니다. 이외에도 미국의 자동차회사 로컬 모터스(Local Motors)는 2014년 3D프린터로 만든 전기차를 선보인 이래 2016년에는 12인승 전기차 버스 올리(Olli)를 만들어 세

상을 놀라게 했습니다(올리는 IBM의 인공지능 왓슨
이 탑재되어 자율주행이 가능한 차이기도 합니다). 기존의
자동차 회사들이 수년간의 개발 과정과 막대
한 비용을 투자해 이룬 일을 로컬모터스
는 3D프린터를 이용해 수개월 만에 이
룬 것이지요. 세계 최대 항공회사인 보잉
(Boeing)도 항공기 부품 생산에 3D프
린터 활용을 확대해 제작 공정을 간소
화하고 비용 절감을 꾀하고 있습니다.
보잉 관계자는 "3D프린팅은 항공기의
제작비용과 동체의 무게를 줄이고, 엔지
니어가 항공시스템 기능에 가장 충실한
부품을 설계하는 데 도움이 됩니다"라고 말했습니다.

EADS에서 만든 세계 최초의 3D프린터 자전거
에어바이크. 고급 나일론 파우더를 재료로 사용해
일체형으로 만들어 스틸처럼 견고하면서도 무게는 기존
자전거의 40% 정도밖에 되지 않을 정도로 가볍습니다.
게다가 기존 공정에 비해 원료를 10분의 1 정도밖에
사용하지 않아 폐기물을 적게 발생시키는 친환경적
제품이지요.

다양한 소재를 활용하여 기존의 제품을 거의 똑같이 복제할 수 있는
3D프린터는 의료기술에도 획기적인 발전을 가져오고 있습니다. 초창기
3D프린터는 플라스틱 제품을 주로 생산했습니다. 그러나 최근 재료산업
이 발전하면서 혈관이나 뼈 등의 바이오프린팅 기술 또한 발전하고 있습
니다. 실제로 2015년 로렌스 리버모어 국립 연구소(Lawrence Livermore
National Laboratory)에서는 3D생체프린터를 이용해 진짜 혈관을 만드
는 실험에 성공하였습니다. 생체프린터는 일반 3D프린터와 구조는 비슷
하지만 인체와 자연스럽게 융합될 수 있는 바이오 잉크(bio-ink)라는 생
체재료를 사용한다고 합니다. 우리나라의 포항공과대학교(포스텍)에서도
2014년 혈관조직이 있는 뼈 조직을 프린트하는 데 성공하였고, 이 인공
뼈를 이식해 얼굴 뼈가 함몰된 환자의 안면을 재건하는 수술도 이루어졌

습니다. 또 울산과학기술원(UNIST)은 2018년 3D프린터를 이용해 살아 있는 세포로 신체조직(귀)을 찍어 내는 데 성공했습니다.

이러한 기술이 점점 발전한다면 주요 장기인 심장이나 간을 3D프린터로 만들어 이식하는 일이 상용화될 수도 있습니다. 3D프린터로 만든 장기나 뼈 등은 원래 자신의 것과 똑같은 모양으로 만들어져 이식되기 때문에 몸의 저항과 부작용이 상당히 줄어들 것입니다. 이처럼 장기나 신체 이식이 현재에 비해 훨씬 수월해지고 발전하게 된다면, 심장 같은 장기에 문제가 생길 때마다 기계 부품을 바꾸듯이 쉽게 바꿀 수 있는 세상이 올 수도 있겠지요.

로컬모터스는 컨베이어 벨트가 아닌 3D프린터를 이용해 자동차를 생산하는 새로운 발상의 자동차 회사입니다. 이 회사의 주력 상품인 '올리'는 주요 부품 대부분이 3D프린터로 제작된 자율주행 전기버스입니다.

3D프린터가 여는 프로슈머의 세상

3D프린터는 단지 하나의 발전된 생산 수단이 되는 것이 아니라 생산의 근본적인 개념을 바꿔 놓을 것입니다. 가장 큰 변화라면 기술의 유무나 전문성과 상관없이 모두가 손쉽게 생산자가 될 수 있다는 점이겠지요. 이러한 변화 덕분에 3D프린터의 보급은 진정한 #프로슈머의 세상을 열게 될 것이라고 많은 사람들이 말합니다. '프로슈머'란 앨빈 토플러가 《제3의 물결》에서 처음 소개한 말인데요, 생산자라는 뜻의 영단어 프로듀서

(producer)와 소비자라는 뜻의 영단어 컨슈머(consumer)가 결합되어 만들어진 신조어입니다. 정보통신사회가 발달하면서 소비자가 생산에 참여할 수 있는 수단이 다양해지고 마침내 소비자가 곧 생산자의 역할까지 하게 되는데, 프로슈머는 이러한 새로운 소비자이자 생산자를 지칭하는 의미라고 합니다.

3D프린터가 어떻게 이러한 프로슈머의 세상을 불러온다는 것일까요? 아직까지는 가깝게 와 닿지 않는 생소한 이야기지요. 하지만 3D프린터가 점차 발전하여 각 가정에 놓일 정도로 보편화된다면, 과거에는 이미 만들어진 제품만을 구입해서 쓰던 소비자들이 자신이 원하는 제품을 직접 만들 수 있게 될 것입니다. 옷을 예로 들어볼까요? 옷을 살 때 우리는 대부분 규격화된 사이즈에 맞추어 삽니다. 이때 내 체형에 가장 가까운 사이즈의 옷을 고르는 것이지, 꼭 맞는 옷을 찾는 경우는 드물지요. 사람마다 팔의 길이나 허리, 엉덩이 둘레, 신체 비율이 제각각이지만 이런 부분까지 완벽하게 맞추려면 재단사를 통해 맞춤옷을 특별히 주문해야만 하지요. 그런데 3D프린터가 대중화되면 나에게 딱 맞는 옷을 손수 만들 수 있을 것입니다. 내 몸을 3D 스캐너로 스캔해서 그에 맞추어 옷의 도면을 만들고 3D프린터로 프린트하면 나에게 완벽하게 맞는 옷이 만들어지는 것이지요. 사이즈 외에도 나의 취향에 따라 원하는 디자인을 추가하거나 변경할 수도 있고요. 이런 과정으로 만들어진 옷은 이 세상에 딱 한 벌밖에 없는 나만의 옷이 될 것입니다.

이와 같은 측면에서 볼 때 3D프린터는 다양성과 개성이 넘치는 세상을 만드는 중요한 도구라고 할 수 있습니다. 다품종 소량생산의 시대를 넘어 단 하나뿐인 나만의 제품 시대를 열게 해 주는 소중한 도구인 것이지요.

3D프린터가 정보 평등을 이루어 줄까?

정보의 특성은 무엇일까?

3D프린터의 발전은 다양한 물건을 쉽게 만들 수 있게 해 주겠지만, 이 때문에 #지적재산권이 침해될 가능성은 훨씬 높아질 것입니다. 새로운 디자인의 물품을 발명해도 공개되기만 하면 많은 사람들이 3D프린터를 이용해 비슷한 제품을 만들어 낼 수 있을 테니까요. 그런 세상이 온다면 지금 우리에게 익숙한 저작권, 특허권, 상표권 등의 지적재산권은 그 적용 범위가 점점 더 모호해지고 지키기 어려워질 것입니다.

　　정보의 특성은 남에게 주거나 판매한다고 해도 없어지거나 줄어들지 않고 그 본질이 그대로 남는다는 것입니다. 또한 정보는 대량으로 생산해 낼 필요가 없이 하나만 있어도 모든 수요를 충족시킬 수 있습니다. 그리고 정보를 다른 정보와 합치거나 그 일부를 빼거나, 형태를 바꿈으로써

📶 **지적재산권이란?**

지적재산권은 특허권, 실용신안권, 의장권, 상표권, 저작권, 컴퓨터프로그램, 영업비밀과 같이 어떤 사람이 특정한 아이디어를 떠올려서 얻은, 형태가 없는 재화에 대한 권리를 가리킵니다. 최근에는 같은 의미로 지식재산권이라고 부르기도 합니다. 정보기술이 발전함에 따라 이러한 지적재산권의 범위는 점점 넓어지고 있으며, 개인의 권리를 넘어 국제 경쟁의 전략적 수단으로 활용되기도 합니다.

얼마든지 새로운 정보로 만들 수도 있지요. 예를 들어, 자동차를 만드는 설계도가 하나의 정보라고 해 볼까요. 그 설계도면을 다른 사람에게 팔거나 공유한다고 해도 원래 가지고 있던 사람이 그 내용을 잃지는 않습니다. 그 하나의 자동차 도면으로 여러 사람이 자동차를 생산해 낼 수 있지요. 더 나아가 설계도를 모두에게 공개한다면 그것을 바탕으로 더 개량된 자동차 도면이 나올 수도 있을 것입니다.

정보는 사유재산일까, 공공재일까?

이러한 정보의 특성을 바탕으로 현재의 '지적재산권' 제도의 근본적인 정당성에 문제를 제기하는 사람들도 있습니다. 그들은 공유를 통해 더 다양하게 활용할 수 있고 여럿이 얻을 수 있는 이익이 커지는 정보의 특성에 비추어 정보를 개인의 소유물이라기보다는 공공재로 생각해야 한다고 주장합니다. 또한 정보와 지식은 사회 공동체가 쌓아 온 지식을 기반으로 다른 이들과의 공유가 없이는 만들어질 수 없기 때문에 모두가 평등하게 공유해야 한다고 이야기합니다.

　이러한 주장을 하는 사람들은 정보와 지식의 생산과 분배를 자본주의 시장에서 상품을 생산하고 교환하는 시스템과 동일하게 보는 지적재산권 제도의 관점이 틀렸다고 말합니다. 정보와 지식은 사회적인 자산이므로 사회 구성원 모두가 평등하고 자유롭게 이용할 수 있어야 하고, 공짜로 주고받을 수 있어야 하며, 그에 대한 보상은 물질이 아니라 심리적 보람으로 주어져야 한다는 것입니다. 그들에게 3D프린터 같은 기술은 정보와 지식의 평등화를 더 빠르게 이루어 주는 긍정적인 도구이겠지요.

그들은 누구나 정보와 지식을 만들어 내는 과정에서 보람을 느끼고, 그러한 기회를 자유롭게 누리고 공유할 수 있는 사회를 목표로 합니다. 그러나 지적재산권으로 대표되는 현재 제도로는 이러한 사회를 만들 수 없다고 합니다. 지적재산권의 관점에서 보면 정보와 지식은 사유재산과 같고, 경쟁을 통해서만 발전이 이루어지며, 돈으로 환산할 수 있는 것만이 그 가치를 인정받을 수 있기 때문입니다. 그래서 어떤 정보의 소유자가 그로부터 비롯되는 모든 경제적 이익을 가져가도록 만들어진 것입니다. 이러한 체제하에서는 필연적으로 돈이 많은 사람들이 정보와 지식을 독점하는 구조가 형성되기 쉽고, 결국 개인뿐 아니라 국가 단위로 지식과 정보의 격차가 생길 수 있겠지요.

📶 카피라이트와 카피레프트

'카피라이트(copyright)'는 지적재산권이라는 뜻입니다. 카피라이트 표시를 하면 저작자, 작곡가, 기타 창작자의 동의 없이는 창작물을 복제하거나 배포할 수 없지요. 이 제도는 창작자의 경제적 이득을 보장해 줌으로써 창작 의욕과 창작물의 수준을 높이는 데 도움을 줍니다. 그러나 한편으로는 창작자에게 독점적 권리를 부여함으로써 부작용을 초래한다는 비판도 있습니다.

'카피레프트(copyleft)'는 '카피라이트'의 반대 개념으로 창작물에 대한 권리를 모든 사람이 공유할 수 있음을 의미합니다. 1984년 미국 MIT 대학의 컴퓨터학자 리처드 스톨먼(Richard Stallman)이 소프트웨어의 상업화에 반대하며 프로그램을 자유롭게 사용하자는 카피레프트 운동을 펼치면서 시작되었습니다. 스톨먼은 지식과 정보가 소수에게 독점되어서는 안 되며, 모두가 자유롭게 사용할 수 있어야 한다고 생각했습니다. 그러나 카피레프트가 창작의욕을 꺾고 품질을 떨어뜨린다는 비판도 있습니다.

3D프린터는 보물일까, 재앙일까?

3D프린터로 만드는 아름다운 세상

3D프린터 기술 사용이 일상화되면 이전에는 몇몇 전문가와 기술자들만이 만들 수 있던 제품들을 누구나 쉽게 만들어 사용할 수 있게 될 것입니다. 기술의 발전이 더 많은 사람들이 정보와 지식을 한층 더 쉽게 활용할 수 있도록 만들어 주는 것이지요. 앞서 소개한 사례처럼 3D프린터 기술을 이용해 정보와 지식을 공유하여 보다 많은 사람들이 살기 좋은 세상을 만들어 가려는 움직임도 있습니다. 특히 아직까지 새로운 정보나 지식을 만들어 낼 형편이 되지 않는 가난한 나라나 개발도상국에서 선진 기술과 지식을 공유하여 발전을 이끄는 운동이 곳곳에서 일어나고 있습니다.

저 멀리 아프리카 남수단에서는 내전으로 팔이나 다리가 잘리는 피해를 입은 청소년들에게 3D프린터 기술을 이용해 의수족을 만들어 주는 프로젝트가 진행되고 있습니다. 원래 의수족을 만드는 데에는 정교한 기술이 필요하기 때문에 보통 수백만 원이 넘는 제작비가 들어갑니다. 경제적으로 풍족하지 않은 아프리카 내전 피해자에게는 엄두가 나지 않는 비용이지요. 그런데 3D프린터 기술은 그 비용을 10만 원 정도로 줄여 줍니다. 이 프로젝트를 고안한 에블링그룹의 최고경영자 믹 에블링(Mick Ebeling)은 남수단에 세계 최초로 3D프린터 2대를 갖춘 의수 제작 작업실을 만들어 주민들이 이를 직접 이용할 수 있도록 가르쳐 주었습니다.

🛜 낫임파서블랩(Not Impossible Lab)

'불가능은 없다'라는 뜻을 지닌 '낫임파서블랩'이라는 비영리 단체가 있습니다. 이 단체를 설립한 엘리엇 코텍과 믹 에블링은 싼값에 기술을 공개하고 플랫폼을 만들면, 사람들의 생활을 변화시킬 수 있을 거라고 믿었습니다. 또한 한 사람을 도울 수 있다면 같은 방법으로 여럿을 도울 수 있고, 한 문제를 풀면 나머지 문제들도 해결할 수 있다고 생각했지요. 그래서 낫임파서블랩은 전 세계에서 기술적인 도움이 필요한 사람들의 이야기를 찾아서 그 문제를 해결할 수 있는 팀을 꾸려 프로젝트를 실행하고 있습니다.

그중 '다니엘 프로젝트'는 내전으로 두 팔을 잃은 아프리카 남수단의 다니엘이라는 소년을 위해 3D프린터로 전자의수를 만들어 주는 것이 목적이었습니다. 값비싼 의수를 저렴하게 제작하기 위해 엔지니어, 신경과학자, 디자이너 등 관련 전문가들이 힘을 합쳐 3D프린터로 만들 수 있는 100달러짜리 의수를 개발해 냈지요. 남수단에는 내전으로 다니엘처럼 팔을 잃은 아이들이 5만 명 넘게 있다고 합니다. 저렴한 비용으로 직접 만들 수 있는 전자의수 기술이 다니엘뿐 아니라 다른 아이들에게도 꼭 필요한 선물인 것이지요. 프로젝트의 주인공이었던 다니엘은 현재 병원에서 전자의수 만드는 일을 돕고 있다고 합니다.

또 다른 아프리가 국가인 토고에서는 3D프린터를 만들 수 있는 기술과 활용법을 알려주고 이를 통해 물건을 만들어서 가치를 창출하는 프로젝트가 시행되고 있습니다. 토고의 수도 로메에 2012년 토고의 건축가 세나메 코피 압도지누(Sénamé Koffi Agbodjinou)가 우랩(Woelab)이라는 공방을 열었습니다. 그는 이 공방에서 버려진 전자제품의 부품으로 3D프린터를 만들고 그것을 이용해 다시 새로운 물건들을 만들어 냅니다. 그대로 두면 쓰레기나 다름없는 폐전자제품이 가치가 있는 상품으로 탈바꿈하게 되는 것이지요. 3D프린터를 활용한 이 프로젝트는 버려진 자원의 재활용뿐만 아니라, 전체 인구의 60%가 빈곤층인 토고의 경제를 살리고 주민들에게 자급할 수 있는 능력을 심어 주는 역할까지 목표로 하고 있습니다.

아프리카 토고의 우랩(www.woelabo.com)은 폐전자제품 부품을 이용해 3D프린터를 만들어서 새로운 가치를 창출하고 있습니다.

3D프린터로 인한 정보와 지식의 공유가 이처럼 아름답게 쓰이는 일도 많지만, 반면에 무분별하게 악용되어 사회에 부정적인 영향을 끼칠 우려도 커졌습니다. 편리한 기술일수록 악용되기도 쉽기 때문이죠. 예를 들어 은행 강도를 하려는 사람이 3D프린터를 이용해 손쉽게 총을 만든다면 어떨까요? 혹은 누군가 오랜 시간을 들여 디자인한 제품을 3D프린터를 이용해 손쉽게 베껴서 팔아 버린다면요?

2018년 7월, 미국에서 3D프린터로 플라스틱 권총을 만들 수 있는 설계도면이 인터넷에 공개되기 직전 법원의 명령으로 금지되는 일이 있었습니다. 이 도면을 공개하려고 했던 사람은 총기 소지를 옹호하는 미국의 비영리단체 디펜스 디스트리뷰티드(Defense Distributed)의 창립자 코디 윌슨(Cody Wilson)인데요, 그는 2013년에 이미 3D프린터용 권총의 설계도를 온라인에 공개해 미 국무부로부터 제재를 받은 일이 있습니다. 당시에 설계도면이 공개된 후 이틀 만에 다운로드 수가 10만 건에 달해 큰 논란을 불러일으켰지요.

이번에도 윌슨은 "미국 수정헌법에 명시된 자유와 권리에 따라 권총 설계 방법을 공개할 수 있고, 미국 국민들은 자신을 안전하게 지킬 권리를 위해 직접 만든 총기를 휴대할 수 있다"고 주장하면서 3D프린터용 권총 설계도를 인터넷에 공개하려고 했습니다. 이에 워싱턴, 매사추세츠, 펜실베이니아 등 8개 주 법무장관들이 "3D프린터로 권총을 만드는 방법을 설명하는 도면이 공개되면 돌이킬 수 없는 테러와 범죄에 악용될 위험이 커 시민들의 안전을 위협한다. 설계도면의 인터넷 공개를 막아달라"며 소송을 냈고, 미국 시애틀의 연방법원이 이를 받아들여 공개를 금지했습니

다. 그러나 코디 윌슨은 여전히 자신의 뜻을 굽히
지 않고 미 법원과 긴 법정 싸움을 벌이고 있
다고 합니다.

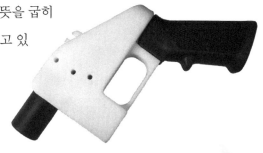

이 일을 계기로 총기류와 같은 위험
한 무기류의 3D프린터 설계도 공개
의 부작용을 우려하는 여론도 커졌
습니다. 3D프린터로 만든 총기는 일
련번호가 없고 플라스틱으로 만들
어져 추적이나 탐지가 어렵다고 합니

3D프린터로 만든 플라스틱 총은 총기 소지가 제한되어 있는
사람들도 아무 제약 없이 만들어 가질 수 있다는 점 때문에
많은 우려를 낳고 있습니다.

다. 그래서 '유령총(ghost gun)'으로 불리기도 하지요. 이런 점 때문에 범
죄나 테러 조직이 3D프린터를 이용해 총기를 대량 제작할 가능성도 배제
할 수 없습니다.

저작권이 제대로 보호되지 않을 때의 문제도 있습니다. 3D프린터는
앞서 말한 것처럼 지적재산권의 경계를 쉽게 허물어뜨립니다. 예를 들어,
누군가 유명한 게임 캐릭터를 이용해 귀여운 상품을 디자인하고, 그 도면
을 3D프린터 도면 공유 사이트에 올렸습니다. 그 도면이 인기를 끌어서
많은 사람들이 공짜로 다운로드했고, 3D프린터로 상품을 제작해서 사용
했습니다. 그렇다면 이 상품의 권리는 누구에게 있는 것일까요? 가장 처
음에 게임을 개발한 회사일까요? 아니면 게임 캐릭터를 이용해 상품을
디자인하고 도면을 만든 사람일까요? 도면을 내려받아 3D프린터로 직접
제작한 사람들은 어떤가요? 이러한 일은 실제로 3D프린터 도면 공유 사
이트에서 종종 생긴다고 합니다. 국내에는 아직 3D프린터 사용이 활발하
지 않아 많은 사례를 찾아보기 어렵지만, 해외에서는 이미 법적인 분쟁으
로까지 이어진 경우도 있습니다.

2014년 디자이너 클라우디아 응은 애니메이션과 게임으로 유명한 〈포켓몬스터〉 캐릭터에서 영감을 받아 화분을 디자인했습니다. 그리고 이 화분의 도면을 3D프린터로 출력할 수 있도록 3D 모델 판매 사이트에 등록했지요. 하지만 〈포켓몬스터〉의 제작사인 닌텐도가 저작권 문제를 제기하여 해당 도면 자료는 모두 삭제되었습니다.

3D프린터의 보급이 더 확산된다면 이와 같은 문제는 훨씬 더 자주, 커다란 규모로 생겨나게 되겠지요. 지적재산권의 적용 범위가 모호해진다면 어떤 이들은 보다 많은 정보를 이용해 더 다채로운 아이디어를 떠올릴 수 있을 겁니다. 그러나 한편으로는 새로운 것을 공들여 만들어도 누군가 금세 따라할 수 있을 거라는 생각에 창작 의욕을 잃어버리는 사람들도 분명 생길 것입니다.

또한 3D프린터 기술이 점점 더 정교하게 발전하게 되면 원본과 거의 동일한 품질의 복제품을 만들어 내는 단계에 이를 것입니다. 그렇게 원본과 똑같은 복제품이 넘쳐나게 된다면 진짜와 가짜를 구별하기가 점점 어려워지고 결국에는 원본과 복제품의 구분이 무의미해지지 않을까요? 이러한 문제들은 또 어떻게 극복해야 할까요?

현명하게 3D프린터를 사용하는 법

3D프린터는 아직까지 그 기술적 한계가 명확하지만 지금과 같은 속도로 발전과 개선이 거듭된다면 조만간 더 많은 사람들이 자신이 원하는 물건을 보다 손쉽게 만들고 공유할 수 있게 될 것입니다. 그러나 누구나 손쉽게 원하는 제품을 만들 수 있다는 것이 누구에게나 신나는 일이 되기는 어려울 것입니다. 3D프린터는 기술과 정보가 꼭 필요한 사람들이 이를 평등하게 공유하며 더불어 사는 세상을 만드는 데 활용할 수도 있지만, 자신의 이익만을 좇는 사람들이 위험한 물건을 무분별하게 복제하여 범죄나 테러에 이용할 수도 있습니다. 또한 현재 법으로 보호하고 있는 지식재산권과 같은 지식과 정보 생산자들의 권리가 부당하게 침해받는 등의 부작용이 일어날 수도 있습니다.

모든 기술이 그러하지만 3D프린터도 사람들이 그것을 사용하는 목적과 방법에 따라 우리의 삶을 풍요롭게 하는 보물이 될 수도, 화를 불러오는 재앙이 될 수도 있습니다. 지금까지 소개한 3D프린터 기술의 다양한 미래를 되짚어 보며 어떻게 하면 이 놀라운 기술을 우리 사회가 현명하게 사용할 수 있을지 생각해 봅시다. 이를 위해서 필요한 사회적 시스템, 법과 제도는 무엇인지, 그것을 어떻게 만들고 지켜 나가야 할지 등도 고민해 보아야 할 것입니다.

■ 3D프린터로 만든 다양한 물건들을 찾아보고, 가장 인상적인 것을 골라 어떠한 이유에서 그러한지 친구들과 함께 이야기 나누어 봅시다.

_____

_____

_____

_____

_____

_____

_____

■ 3D프린터의 발전으로 인해 지식재산권의 범위가 달라져야 한다고 생각하나요? 그렇다면 현재 있는 제도에서 고치거나 바꾸어야 할 내용은 무엇이 있을까요?

_____

_____

_____

_____

_____

_____

_____

■ 지식과 정보는 공공재이며 모두가 평등하게 누릴 수 있어야 한다는 의견에 대하여 어떻게 생각하나요? 찬성이나 반대 의견을 근거를 들어 말해 보세요.

_____

_____

_____

_____

_____

_____

_____

■ 3D프린터로 모두가 만들 수 있게 되었으면 하는 물건이 있다면 무엇인가요? 반면에 3D프린터로 절대로 만들지 못하게 해야 한다고 생각하는 물건은 무엇인가요?

_____

_____

_____

_____

_____

_____

_____

Chapter

04

미래의 드론은
21세기의 빅브라더가 될까?

드론 # 멀티콥터 # 무인 비행기
파파라치 # 빅브라더

여는 이야기

꿀벌이 드론이라고?

#드론의 의미를 아시나요? 드론은 영어로 drone으로 '웅웅거리는 소리' 또는 '(꿀벌의) 수벌'을 의미합니다. 소형 무인기를 드론이라 부르게 된 계기는 명확하진 않지만, 드론의 프로펠러 돌아가는 소리가 꿀벌의 웅웅거리는 소리와 비슷하다고 해서 붙여진 이름이라는 이야기가 많습니다.

수년 전까지만 해도 대개 드론이라고 하면 #무인 비행기나 헬리콥터를 가리키는 경우가 많았습니다. 그때는 드론이라는 말이 흔하게 사용되지는 않았습니다. 그러다가 요즈음 드론이라고 하면 우리가 흔히 떠올리는 모양의 작은 #멀티콥터가 나오면서 이 명칭이 일반인들에게 널리 알려지게 되었습니다. 지금은 좁은 의미로 4개 이상의 프로펠러를 가진 무인 조종 비행기를 드론이라고 지칭합니다. 좀 더 넓은 의미로 보면 원격조종이 가능한 무인조종 비행기를 모두 드론이라고 할 수 있겠지요.

우리가 잘 아는 헬리콥터는 엔진을 활용하여 프로펠러를 돌립니다. 그런데 드론은 대개 모터로 프로펠러를 돌리지요. 그 덕분에 드론은 훨씬 작고 가볍게 제작할 수 있습니다. 가격도 상대적으로 저렴해 더 많은 사람들이 손쉽게 접하고 이용할 수 있지요. 최근에는 드론에 많은 첨단 기술들이 접목되면서 그 활용도 무척 다양해졌답니다.

드론은 어떻게 만들어질까?

드론은 어떻게 자유자재로 비행할까?

드론은 기본적으로 헬리콥터의 한 종류로, 프로펠러를 돌려서 발생하는 힘으로 하늘을 나는 원리도 헬리콥터와 같습니다. 다만 헬리콥터보다 더 많은 수의 프로펠러를 가지고 있기 때문에 전후좌우로 방향을 바꿀 때 프로펠러의 회전수를 각각 다르게 조절하여 움직일 수 있습니다. 예를 들어 드론을 앞으로 나가게 하려면, 앞쪽에 달린 두 개의 프로펠러를 천천히 회전시켜서 기체 앞면은 내려가고 뒷면은 올라가도록 합니다. 그러면 뒤쪽 프로펠러가 더 빨리 돌면서 힘이 발생하고, 그 힘으로 드론이 앞으로 움직이게 되는 것이지요. 제자리에 떠 있을 때도 프로펠러의 회전수를 다르게 움직여야 하는데, 네 개의 프로펠러 중 두 개는 시계방향, 두 개는 반시계방향으로 돌려서 각 프로펠러들의 운동량이 서로 상쇄되도록 합니다. 그래야 어느 쪽으로도 힘을 받아 움직이지 않고 같은 자리에 떠 있을 수 있겠지요?

이해를 돕기 위해 간단하게 설명했지만, 실제로 이런 움직임을 위해서는 복잡한 계산이 필요합니다. 이를 일일이 사람이 하기는 어렵기 때문에 대부분 컨트롤러에 장착된 컴퓨터가 계산해 줍니다. 예를 들어 조종사가 드론을 앞으로 움직이기 위해 컨트롤러의 스틱을 앞쪽으로 당기면 그에 연결되어 있는 컴퓨터가 앞쪽의 프로펠러 회전수는 얼마나 줄여야 하고, 뒤쪽의 프로펠러 회전수는 얼마나 늘려야 하는지를 계산해서 변환된 값을 드론으로 전송하는 것이지요.

📶 대형마트에서 구입한 드론은 아무 데서나 날려도 될까?

드론은 사실 정식 명칭이라기보다는 소형 무인 항공기를 부르는 별칭에 가깝습니다. 그래서 각 나라마다 그 정의가 조금씩 달라지기도 하지요. 우리는 드론이라고 하면 일반적으로 프로펠러가 4개 달려 있는 X자형 멀티콥터를 떠올립니다. 멀티콥터는 말 그대로 프로펠러가 하나뿐인 헬리콥터보다 더 많은 수의 프로펠러가 달린 비행체를 뜻합니다.

마트나 완구점에서 판매하는 오락용 비행체들도 비슷한 외양을 가지고 있어 같은 드론이라고 생각하는 경우가 많지요. 하지만 엄밀히 따지면 무인 항공기의 기본 조건은 조종사가 탑승하지 않고 자동으로 비행이 가능하고, 최소한 GPS 장치가 탑재되어 있어 비행체가 조종자에게 다시 돌아올 수 있는 것입니다. 이 기준에서 보면 마트에서 파는 드론 모양의 장난감들 중에는 드론이라기보다는 모형 항공기로 분류해야 하는 것들도 많습니다.

또한 우리나라 항공법에 따르면 드론도 무인 비행장치로 분류되어 관련 법규가 적용됩니다. 상업적인 목적으로 사용하는 드론이나 12킬로그램 이상의 드론은 의무적으로 등록을 해야 하고, 조종자격을 획득하기 위한 교육을 받아야 합니다. 또 어떤 드론이든 비행 금지 구역을 확인하고 비행이 허용된 시간과 장소에서 날려야 합니다.

드론에는 어떤 장치들이 들어 있을까?

드론에 들어가는 가장 중요한 장치는 GPS입니다. 원격조종으로 비행을 하기 위해서는 드론의 높이나 위치가 어디쯤인지 잘 알아야 하기 때문입니다. 드론은 보통 3개의 인공위성으로부터 정보를 받아 위치를 파악합니다. 3개의 인공위성이 있어야 위치가 정확하게 계산될 수 있거든요.

드론에 들어가는 또 다른 중요한 부품은 다양한 센서입니다. 기압계, 고도계 등의 초음파 센서와 주위 물체와 부딪히지 않게 하기 위한 적외선 센서도 필요합니다. 적외선은 주로 열을 탐지하지요. 그래서 열을 가진 생물체를 피할 수 있게 해 줍니다. 이처럼 다양한 센서들은 드론이 먼 거리를 안정적으로 비행하기 위해서 꼭 필요한 부품이라고 할 수 있겠죠.

최근에는 드론에 카메라가 거의 필수 부품으로 들어갑니다. 그래서 드론을 통해 실시간으로 다양한 곳들을 관찰하고 이를 통해서 안전하게 착륙할 수 있도록 도와주지요. 실제로 요즘에는 비교적 가격이 저렴한 저가형 드론 모델에서도 드론 카메라로 찍은 화면을 실시간으로 스마트폰을 통해 볼 수 있습니다. 우리가 보는 각도의 세상이 아니라 다른 각도로 세상을 보는 기분을 느낄 수 있습니다.

드론의 다양한 활용 분야

드론은 현재 우리 삶에서 다양하게 사용되고 있으며, 보다 많은 분야로 그 활용 범위가 넓어지고 있습니다. 어떤 분야에서 무슨 용도로 사용되고 있는지, 앞으로 어떻게 사용될지 한번 살펴볼까요.

작전을 수행하는 군사용 드론

현재 드론은 군사 분야에서 가장 많이 활용되고 있습니다. 아마도 여러분들은 SF영화를 통해 이미 군사용 드론을 접해 보았을 것입니다. 다만 영화 속 드론의 모습이 우리가 익숙하게 생각하는 모습과 달라 의식하지 못했을 가능성이 높지요. 예를 들어 영화 〈오블리비언〉(2013)에 등장하는 동그란 구 모양의 드론은 사람이 접근하기 어려운 지역에 들어가서 정보를 수집하거나 수색을 하고, 살아 있는 인간들을 인식해서 제거하기도 합니다. 〈드론전쟁: 굿킬〉(2014)이나 〈아이인더스카이〉(2016)처럼 드론

군사용 드론을 날리는 군인의 모습입니다. 군용 드론은 쓰임에 따라 생김새가 다양한데 이미지의 드론은 일반적으로 우리가 보는 프로펠러형이 아니라 양력을 이용해 비행하는 고정익(날개가 고정되어 있는) 드론입니다. 미국은 2004년부터 드론을 군사 목적으로 적극 활용하기 시작했습니다. 2010년에는 파키스탄, 예맨 등지에 드론을 이용해 폭격을 가하기도 했지요.

을 이용한 전쟁과 군사작전을 중심 소재로 활용한 영화도 있습니다. 이는 영화 속 이야기만은 아닙니다. 실제 현실에서도 이미 군사용으로 상용화된 드론이 많이 있습니다. 미사일이나 폭탄을 탑재하여 원하는 위치에 떨어트리거나, 적의 표적을 살해하거나, 수색과 정찰을 목적으로 하는 드론을 여러 나라들이 이미 보유하고 있으며 계속해서 개발되고 있습니다.

우리 시야를 넓혀 주는 촬영용 드론

요즘 텔레비전을 보면 여행을 다니는 내용의 다양한 예능 프로그램이 많지요? 그런 프로그램을 보면 여행지를 소개할 때마다 아주 높은 곳에서 내려다보듯이 멋진 풍광을 한눈에 보여 주곤 하는데요, 이런 장면들이 바로 드론에 카메라를 장착해서 촬영한 것이랍니다.

최근에는 영화를 비롯해 드라마와 예능 프로그램까지 드론을 활용한 영상 촬영이 당연시되는 추세입니다. 과거에 공중에서 내려다보이는 영상을 찍기 위해서는 헬리콥터에 카메라를 든 기자들이 직접 탑승하여 촬영해야 했습니다. 하지만 드론 촬영이 보편화된 지금은 드론에 달린 카메라로 다양한 각도와 위치에서 쉽게 촬영할 수 있습니다. 드론을 통해 지상에서는 볼 수 없는 앵글의 사진과 영상을 지면과 온라인, 방송 영역에서 쉽게 찾아볼 수 있게 된 것이지요. 이로 인해 촬영비용이 엄청나게 절감되고 편의성 또한 크게 개선되었습니다.

드론 카메라로 촬영한 도시의 전경입니다. 이전에는 헬리콥터를 띄우고 촬영기사가 직접 탑승해서
찍어야만 했던 풍경이 드론 촬영의 보편화로 손쉽게 찍을 수 있게 되었습니다.

사람이 가지 못하는 곳까지, 구조용 드론

이런 드론 촬영은 사람이 접근하기 어려운 산사태나 산불 등의 자연재해 상황을 전달할 때도 큰 역할을 합니다. 또 고층빌딩 같은 높은 건물이나 큰 다리에 가까이 접근하여 건물의 균열 등을 파악할 때도 유용하게 쓰일 수 있습니다.

이처럼 사람이 접근하기 어려운 지역도 자유롭게 오갈 수 있는 드론은 촬영뿐 아니라 직접적인 구조 작업에도 활용됩니다. 재난이나 재해 때문에 위급한 환자가 발생한 응급상황에 앰뷸런스가 현장에 도착하려면 많은 시간이 걸립니다. 이때 구급상자를 실은 드론이 미리 가서 응급 처치를 돕고, 의사들은 드론이 전송하는 영상을 보고 주변 사람들에게 응급처치를 지시할 수 있습니다. 또 조난을 당하거나 길을 잃은 사람이 생겼을 때 공중에 드론을 띄워 길을 안내할 수도 있지요.

일손이 모자라는 농촌의 차세대 일꾼, 농업용 드론

농업 분야에서도 드론은 활발하게 이용되고 있습니다. 농업 분야는 현재 군사 목적 이외에 드론 활용에 있어 가장 많은 부분이 실용화되어 있고, 더 효과적인 활용을 위해서 준비하고 있는 분야이기도 합니다. 가장 많이 쓰이는 용도는 농약과 비료를 살포하는 것이지요. 드론의 카메라를 통해 농작물 상태를 파악하는 것도 가능합니다. 과거에는 사람들이 논에 일일이 들어가서 확인을 해야 했지만 지금은 드론 카메라를 통해 편리하게 확인할 수 있습니다.

기존에도 외국의 넓은 농경지에서는 경비행기를 이용해 농약과 비료를 살포하는 경우가 많았습니다. 하지만 어지간한 규모가 아닌 이상 운용에 비용이 너무 많이 들기 때문에 우리나라처럼 농지 면적이 작은 곳에서는 실용화하기 어려웠지요. 반면 드론은 좁은 공간에서도 자유자재로 오갈 수 있고 비용도 다른 수단보다 저렴한 편이어서 다양한 곳에서 사용할 수 있습니다.

농업 분야에서 드론은 부족한 일손 문제를 해결해 주는 고마운 도구입니다. 노동집약적 사업인 농업 분야의 종사자는 해마다 줄어드는 추세거든요. 앞으로 농약이나 비료를 살포하는 일뿐만 아니라 농작물을 파종하고 수확하는 일에서도 드론을 활용하기 위해 관련 연구가 꾸준히 이루어지고 있다고 합니다.

고객을 찾아가는 드론 택배

배송 분야에서의 드론 활용은 비교적 잘 알려
져 있는 편입니다. 미국의 아마존, 중국의 알리
바바, 독일의 DHL 등 세계적인 유명 기업들이
드론을 택배에 활용하려는 계획과 시도가 종종
이슈가 되어서이지요. 우리나라도 정부 주도로 드론 택배 상용화를 위한
준비 작업을 지속하고 있다고 합니다.

하지만 거대 기업들의 계획과 홍보에도 불구하고 아직까지 드론 택배
가 실용화되었다고 보기는 어렵습니다. 대부분의 나라에서 하늘은 국가
가 관리하는 공공의 영역이고, 안전 및 보안과 관련한 문제가 발생하기
때문에 정책과 규제가 까다롭게 적용됩니다. 또한 주로 택배를 이용하는
대도시에는 고층건물이 밀집되어 있고, 다양한 전파들이 드론을 조종하
는 전파의 수신을 방해하기 때문에 드론이 자유롭게 움직일 만한 환경이
아니지요. 아직까지는 이러한 문제들을 모두 해결하고 상용화시킬 만큼
드론 배송이 기존의 배송 시스템에 비해 경제적으로 득이 되지는 않는
것이지요.

물론, 드론 배송이 현실화된 사례가 전무한 것은 아닙니다. 아프리카
의 르완다는 드론 택배가 가장 활성화된 국가 중 하나인데요, 그 이유는
앞서 언급한 대도시처럼 드론 택배의 걸림돌로 꼽히는 환경적 요소가 없
기 때문입니다. 도로 상황이 열악하고 교통수단이 부족한 그곳에서 위급
상황 발생 시 드론은 중요한 역할을 하고 있습니다. 혈액이 부족한 곳에
혈액을 운반하거나, 응급 환자에게 필요한 의약품을 배달하는 일 등에
쓰이고 있지요. 이러한 사례를 참고하여 앞으로 드론 택배가 나아갈 방

향을 예측해 볼 수 있을 것입니다.

최근에는 드론을 활용한 택시도 등장했습니다. 두바이에서는 2017년에 드론 택시에 두 명을 태우고 자율비행에 성공했습니다. 두바이 당국

📶 생명을 살리는 드론

집라인(Zip line)은 지난 2016년 아프리카 르완다에서 처음으로 혈액 드론 배송 사업을 시작한 회사입니다. 르완다의 농촌 지역은 도로가 잘 정비되어 있지 않아 이전에는 혈액과 의약품을 배송하는 데 몇 주, 길게는 몇 개월까지 걸렸다고 합니다. 그래서 위급한 환자가 있어도 손 놓고 기다릴 수밖에 없는 안타까운 일이 생기곤 했지요. 이런 현실을 개선하기 위해 떠올린 방법이 바로 드론이었습니다. 르완다의 농촌 지역은 높은 건물이 많지 않고, 와이파이 등 드론을 조종하는 주파수를 방해하는 전파도 거의 없어 드론 배송에 최적화된 환경을 갖추고 있었던 것이지요.

집라인은 혈액 배송을 단 몇 시간 만에 할 수 있는 드론 네트워크 시스템을 구축해서 의료 사각지대를 없애겠다는 목표를 세웠습니다. 이러한 발상은 세계적인 기업들의 마음을 움직여 구글 벤처, 스탠퍼드 대학교 등이 이 사업에 투자하게 됩니다. 르완다 정부와 협약을 체결하고 본격적으로 시스템을 구축한 집라인의 드론 배송은 기존에 혈액과 의약품을 배송하는 데 들었던 시간과 비용을 획기적으로 줄였습니다.

현재 집라인은 르완다 혈액 배송의 20%를 담당하고 있는데요, 그동안 30만km 이상의 거리를 비행해 7000여 개의 혈액 주머니를 드론으로 배송했다고 합니다. 최근에는 보다 빠르고 효율적인 배송을 위해 더 발전한 모델로 드론을 교체하고 배송 시스템도 새롭게 설계했다고 하네요.

은 2020년부터 자율운행 드론 택시 상용화
를 시작하겠다고 발표하기도 했습니다. 이외
에도 항공기 회사인 보잉사와 자율주행 선
두주자인 우버에서도 자율비행 택시 운행을
준비하고 있습니다.

독일 블로콥터 사의 드론택시

드론 택시는 플라잉카와 매우 비슷합니
다. 둘의 차이점이라면 드론 택시는 손님만
타고 실제 운행은 원격조종이나 자율주행으
로 이루어지는 데 반해, 플라잉카는 사람이
직접 운행을 한다는 것입니다. 지금은 플라잉카와 드론택시의 경계가 있
지만 머지않아 둘의 경계가 불분명해지는 시기가 올 것으로 예상됩니다.

드론이 뛰어넘어야 할 한계는 무엇일까?

우리 시야의 한계를 뛰어넘어 세상을 볼 수 있게 해 주는 드론 기술은 현
실적으로 아직 여러 한계점을 안고 있습니다. 가장 큰 문제는 드론 비행
의 안전입니다. 드론의 크기는 1킬로그램이 안 되는 작은 것부터 수백 킬
로그램에 달하는 것까지 다양합니다. 만약 높은 하늘에서 떨어지기라도
한다면 아무리 작은 드론일지라도 중력가속도에 의해 에너지가 증가하여
지상에 커다란 피해를 줄 수 있습니다. 배터리 방전이나 조종 미숙, 통신
두절, 불안한 기상 상태 등의 돌발 상황에서 원하지 않는 방향으로 낙하

한다면 자칫 드론이 큰 피해를 일으키는 재앙으로 바뀌어 버릴 것입니다.

아직까지 드론은 이러한 돌발 상황에 취약한 편입니다. 드론은 비행기나 헬리콥터에 비해서 가볍다 보니 어쩔 수 없이 비나 우박, 거센 바람 등 날씨에 영향을 많이 받지요. 날아가는 새와 부딪히거나 사람의 인위적인 공격에도 쉽게 무력해질 수 있습니다. 그렇다고 이를 극복하기 위해 드론을 무겁게 만든다면 드론만의 장점이 사라져 버리는 셈입니다.

배터리 문제도 있습니다. 현재까지는 드론의 배터리 수명이 매우 짧아서 크기에 따라 조금씩 다르지만 몇 시간 이상 쉬지 않고 날 수 있는 드론은 찾기 어렵습니다. 이 때문에 드론 택배도 반경 10킬로 이내 정도로 배송 거리가 한정되어 있습니다.

무인 조종으로 움직이는 드론의 핵심인 자율 비행 기술도 완벽하게 적용하려면 더 많은 발전이 필요합니다. 3차원 장애물을 자율적으로 피해 갈 수 있는 기술은 아직 걸음마 수준입니다. 르완다나 탄자니아에서 드론 활용이 가장 활발한 이유도 고층건물이 별로 없어서라고 했었지요. 따라서 고층건물에 대한 지도가 만들어지고 지속적인 업데이트가 이루어지거나, 장애물을 피해갈 수 있는 기술 개발이 필수라고 할 수 있습니다.

연결과 공유의 시대인 4차산업 시대에 피할 수 없는 또 다른 위협은 해킹입니다. 드론은 원격 조종과 입력된 곳을 스스로 찾아가는 자율주행 방식으로 움직입니다. GPS를 기반으로 다양한 센서가 작동하여 장애물을 피하며 움직이고 무선 인터넷을 연결해 조종됩니다. 따라서 외부에서 이를 해킹하는 것도 가능합니다. 개인의 드론이나 단순한 택배 드론 등을 해킹한다면 불편을 겪긴 하겠지만 엄청난 문제는 아니겠지요. 하지만 앞서 말했던 폭탄을 실은 군사용 드론이나 사람이 탄 무인 택시 드론이 해킹당한다면 어떻게 될까요? 상상만 해도 끔찍한 일입니다. 이처럼 드론이 우리 생활 속으로 깊숙이 들어올수록 해킹은 매우 심각한 위협이 될 수 있습니다. 그러므로 드론의 상용화를 서두르기 전에 이러한 문제점들을 어떻게 방지할 것인지 사회적 논의가 이루어져야 할 것입니다.

미래의 드론은 21세기의 빅브라더가 될까?

언제나 드론이 하늘에 떠 있는 세상이 된다면?

앞서 말한 기술적인 한계점들이 개선되어 드론이 우리 생활에 필수품이 된다면 어떨까요? 물건을 사자마자 몇 시간 내로 내가 어디에 있든 정확히 배송해 주고, 교통 체증 없는 하늘로 오가는 택시를 탈 수도 있겠지요. 또 전문가가 아니더라도 많은 사람들이 개인용 드론을 가지게 되어 언제든 쉽게 자신이 원하는 곳을 지켜볼 수 있게 될 것입니다.

그러나 모든 일이 그렇듯 긍정적인 면에 반하는 부작용도 분명 생기겠지요. 최근 드론이 많이 보급되면서 이미 불거져 나오는 문제가 있습니다. 바로 사생활 침해 문제입니다. 언제 어디서나 편리하게 움직일 수 있다는 드론의 장점이 악용된다면 고성능 카메라와 센서를 장착한 드론은 언제 어디서든 우리를 훔쳐볼 수 있는 움직이는 몰래카메라가 되는 것이지요.

유명 연예인들은 벌써 이런 '드론 몰래카메라'에 피해를 입고 있습니다. 스타 커플 송중기와 송혜교의 비공개 결혼식도 중국의 인터넷 매체가 띄운 드론 카메라 때문에 비공개라는 말이 무색하게 웹상에 공개되었습

🛜 Big Brother is watching you!

빅브라더(Big Brother)는 조지 오웰(George Orwell)의 소설 《1984년》에 나오는 가상의 인물입니다. 작중 배경인 독재 국가 오세아니아의 최고 통치자로 수수께끼에 둘러싸인 독재자이지요. 소설에서는 모든 개개인을 화면으로 감시하면서 시민들에게 "빅 브라더가 당신을 보고 계시다"라는 문구를 끊임없이 주입시킵니다. 오늘날 '빅브라더'라는 용어는 개인을 감시하고 통제하는 거대 권력에 대한 비유의 의미로 사용됩니다.

니다. 원체 #파파라치가 기승을 부리는 할리우드에서는 스타들의 피해가 더 심각합니다. 배우 앤 해서웨이의 비공개 결혼식도 파파라치 드론의 촬영으로 대중들에게 알려지는가 하면, 일부 유명 스타들은 아예 자택 위를 수시로 날아다니는 드론 때문에 사생활 침해를 호소하기도 했지요.

이런 문제는 드론 사용이 더 보편화된다면 훨씬 심각해질 것입니다. 하늘에 떠 있는 수많은 드론 중에 어떤 것이 나를 지켜보고 있을지 알 수 없을 정도가 될 테니까요. 설상가상으로 일부 개인의 행동을 넘어 특정 단체나 권력이 감시와 제재를 목적으로 악용한다면 드론은 그야말로 21세기의 '#빅브라더'가 되는 셈이지요.

미국 정부가 빅브라더라고?

조지 오웰의 《1984년》에 나오는 디스토피아★ 세계에서 빅브라더는 독재 국가의 최고 통치자이자, 모든 국민을 감시하고 통제하는 수수께끼의 인물입니다. 빅브라더처럼 거대한 권력이 스스로의 힘을 유지하기 위해 개인을 감시하는 모습은 오늘날까지 다양한 창작물에서 되풀이하여 그려지고 있습니다. 그러나 이는 단지 상상 속 이야기만은 아닙니다. 미국 국가안보국에서 정보분석원으로 일했던 에드워드 스노든(Edward Snowden)은 2013년 미국 정부의 민간인 사찰 프로젝트에 대하여 폭로했습니다. 스노든의 폭로에 따르면, 미 정부는 주로 인터넷으로 연결된 스마트폰이나 컴퓨터를 해킹하여 개인의 이메일 내용이나 통화기록, 금융 정보 등을 대량으로 수집했다고 합니다. 그야말로 현대판 빅브라더를 재현했다고 할 수 있는 이 사건은 이후 영화 〈스노든〉(2016)으로 제작되기도 했습니다. 민주주의 선진국으로 불리는 미국의 정부가 안보를 명분 삼아 조직적으로 자국 국민을 감시하고 무차별적으로 개인정보를 수집하는 등의 불법을 저질렀다는 사실은 국가 권력의 허용 범위와 한계에 대한 뜨거운 논란을 불러일으켰지요.

이처럼 모든 것의 연결과 공유를 가능

★ 디스토피아는 주로 가상의 현실을 그린 작품에서 등장하는 미래의 모습으로, 현재 사회의 부정적인 측면들이 갈수록 점점 더 나빠져서 도달한 어둡고 암울한 미래 사회를 뜻한다. 밝고 희망적인 미래 사회를 뜻하는 유토피아와 대립하는 개념이다.

영화 〈오블리비언〉에 나오는 드론은 주인공
반대편 세력의 전투원이자 정찰원인데요,
예기치 못한 곳에서 불쑥 나타나 주인공을
감시하고 공격하는 모습이 무시무시하게
그려집니다.

하게 만드는 4차산업 시대의 기술과 강력하고 거대한 권력이 손을 잡으면 개인은 속수무책으로 감시의 대상이 될 수밖에 없습니다. 영화 〈스노든〉에는 미 정부의 감시망을 피하기 위해 스노든이 노트북 컴퓨터의 카메라를 스티커로 가려 놓는 장면이 나오는데요, 인터넷으로 연결된 모든 기기들이 감시의 도구가 될 수 있다는 사실을 알려 주는 장면입니다. 만약 누군가가 우리를 감시하려고 마음먹는다면 지금도 도처에 있는 태블릿이나 컴퓨터, 스마트폰 등 인터넷이 연결된 다양한 기기의 카메라 렌즈를 통해 우리를 지켜볼 수 있겠지요. 기술이 더 발전하여 지상뿐 아니라 공중에서 모든 것을 내려다볼 수 있는 드론이 어디에나 떠 있는 세상이 된다면 한층 더 촘촘한 감시망이 생기는 셈이고요. 최악의 상상을 해 보면 드론에 달린 카메라를 이용하여 감시하는 데 그치지 않고 무기를 장착하여 실제로 해를 가하는 것도 가능해질 수 있습니다. 마치 앞서 이야기한 영화 〈오블리비언〉의 드론처럼 말이지요. 물론 이는 너무 비관적인 예측이겠지만 아주 불가능하기만 한 미래는 아닐 것입니다.

사생활이냐, 안전이냐?

24시간 감시 시스템이 나쁜 점만 있는 것은 아닙니다. 모든 사람의 모든 행동이 기록된다면 기록된 개인의 데이터를 바탕으로 어디에 있든지 맞춤 서비스를 받을 수 있을 것입니다. 길을 가다가 원하는 물건을 배송받을 수 있고, 따로 찾아가지 않아도 필요한 때에 필요한 교통수단을 이용할 수 있을 것입니다.

또한 사람들이 쉽게 나쁜 짓을 저지르거나 거짓말을 하기 힘들어지겠지요. 지금도 길거리 곳곳에 설치되어 있는 CCTV들이 이러한 감시 기능을 하고 있는데요, 드론이 상용화되는 미래에는 현재의 CCTV 기능을 드론이 맡게 되어 지금보다 훨씬 촘촘하고 사각이 없는 감시가 이루어질 수 있겠지요. 그래서 삶의 편의성과 안전도가 크게 올라갈 것입니다.

하지만 앞서 이야기했듯이, 여기에는 필연적으로 사생활 침해 문제가 따라오기 마련입니다. 우리가 무엇을 먹고 무엇을 입는지, 어떤 행동을 하는지를 지켜보는 일종의 감시자가 생기는 것이지요. 그 감시자가 우리를 외부의 위협으로부터 보호하는 것이 아니라, 우리 삶을 통제하는 기능을 하게 될 수도 있습니다. 한편, 이처럼 민감한 개인정보에 누구나 접근하기는 어려울 테니 필연적으로 정보를 독점하는 몇몇이 생길 텐데요, 그렇게 되면 수많은 사람들의 개인정보에 자유롭게 접근할 수 있는 권한을 지닌 일부에게 엄청난 권력이 집중될 수밖에 없다는 문제도 생깁니다.

만약 나의 부끄러운 모습이나 비밀스러운 개인정보들이 나도 모르게 누군가에게 모두 공개된다면 어떨까요? 안전과 편리함을 위해서 나에 관한 모든 정보를 누군가에게 전적으로 맡기는 것은 가능할까요? 이에 대한 답은 모두가 각각 다를 것입니다. 누군가에게는 사생활 보호가 가장 중요한 가치일 수 있고, 누군가는 안전을 위해서 어느 정도의 사생활은 희생될 수밖에 없다고 생각할 수도 있습니다. 중요한 것은 사회 전체적으로 이러한 문제에 대하여 개인의 생각과 의견을 정리해 보는 시간을 가지고 함께 토론해야 한다는 것입니다. 드론의 감시 기능이 악용될 수 있는 점을 어떻게 예방할 수 있을지, 공공의 안전을 지키는 긍정적 감시 기능을 어떻게 활용할 수 있을지 함께 머리를 맞대고 의논을 시작해야 할 때입니다. 연결과 공유의 4차산업 시대에 홀로 무인도에서 살지 않는 이상 일정 부분의 개인정보 노출은 피할 수 없는 현실이기 때문이지요.

드론과의 공존을 위한 걸음

드론은 미래에 우리의 눈과 귀, 손과 발이 되어 줄 새로운 수단입니다. 가상현실이나 인터넷 기술이 우리의 정신과 생각을 자유롭게 확장시켜 주는 기술이라면, 드론은 현실세계에서 우리가 직접 볼 수 없었던 광경을 보게 해 주고, 직접 가볼 수 없던 곳에 닿을 수 있도록 만들어 주는 기술이지요.

이러한 드론이 앞으로 농업, 산업, 군사 등 다양한 분야에서 발전을 거듭하고 실생활에서도 편리하게 이용되려면, 드론으로 인해 생기는 부작용을 예방할 수 있는 적절한 규제가 반드시 마련되어야 할 것입니다. 과도한 규제는 산업의 성장을 방해하는 걸림돌이 될 수 있지만 새로운 기술과 사람들이 공존하기 위해서는 합당한 법과 규제가 반드시 필요한 법이지요.

예를 들면, 드론은 조종하는 사람이 잘못했을 때 그 피해가 자동차 사고 이상으로 심각할 수 있기 때문에 드론 조종사에 대한 엄격한 관리 체계를 갖추어야 합니다. 자격증 제도를 도입하여 엄격한 기준을 통과한 사람만 조종을 할 수 있도록 해야 하겠지요. 지금도 일정 크기 이상의 드론이나 상업적 목적의 드론을 조종하기 위해서는 자격증을 취득해야 합니다. 하지만 앞으로 드론의 활용 범위가 다양해질수록 더 세분화된 자격 기준이 필요할 것입니다. 또한 몰래카메라나 파파라치 등의 피해를 줄일 수 있는 구체적인 방안(비행시간, 지역, 목적 등에 따른 제재)과 윤리적 규범에 대한 준칙 사항도 분명히 포함되어야 할 것입니다. 아울러 해킹이나 통신 두절을 예방하는 기술은 물론, 예기치 못한 추락이나 사고에 대한 대비책도 개발해야겠지요. 물론 법적인 준비와 철저한 기술적 대비만큼이나 중요한 점은 무엇보다 드론을 활용하면서 남에게 피해가 되는 행동을 하지 않으려는 개개인의 성숙한 시민의식이겠지요?

곰곰이 생각하기

■ 우리 생활에 드론을 활용할 수 있는 분야는 무엇이 있을까요? 본문에 나오지 않은 예를 조사해서 발표해 봅시다.

_____

_____

_____

_____

_____

_____

■ 내가 드론을 개발하는 과학자라면 어떤 새로운 기능을 가진 드론을 만들고 싶나요? 자유롭게 상상해서 이야기해 봅시다.

_____

_____

_____

_____

_____

_____

■ 학교폭력이나 도난 방지를 위해 학교에도 곳곳에 CCTV 설치를 늘려야 한다는 주장이 있습니다. 모든 사람들의 일거수일투족을 감시해서라도 범죄가 사라지는 편이 좋다고 생각하나요? 다르게 생각한다면 근거를 들어 이야기해 봅시다.

_____

_____

_____

_____

_____

_____

_____

■ 나의 모든 사생활과 정보를 정부나 거대기업이 알 수 있게 된다면 어떤 일이 생길까요? 긍정적인 면과 부정적인 면으로 나누어 이야기해 봅시다.

_____

_____

_____

_____

_____

_____

Chapter

05

자율주행자동차가
사고를 내면
누가 책임져야 할까?

자율주행차

트롤리 딜레마

여는 이야기

운전할 필요가 없는 자율주행차

#자율주행차(self-driving car)란 운전자가 핸들을 잡고 엑셀레이터, 브레이크 등을 다루지 않아도 자동차 스스로 도로 상황이나 주변 환경을 파악하여 주행하는 자동차를 말합니다. 무인자동차(driverless car)와 비슷하지만 조금 다른데요, 무인자동차는 말 그대로 사람이 타지 않은 채 달리는 자동차이고, 자율주행차는 사람 없이 달릴 수도 있지만 원격조종으로 주행이 가능한 차량까지 포함하는 개념입니다.

자율주행차 사용이 보편화된다면 우리 삶은 엄청 편리해지겠죠? 사람들은 운전으로 인한 피로와 부담에서 벗어나 어디든 편안하게 이동할 수 있고, 그러면 운전 미숙이나 실수, 과로 등으로 인한 교통사고도 크게 줄어들 것입니다. 하지만 우려되는 점도 있습니다. '사고가 일어났을 때 그 책임을 누구에게 물어야 하는가?'의 문제입니다. 2018년 3월 미국 애리조나 주 템피에서 발생한 우버(Uber)★의 자율주행차 사고는 이 문제가 우리 사회가 함께 고민해야 할 시급하고 중요한 문제임을 말해 줍니다.

★ 우버는 운전자와 승객을 어플리케이션을 통해 연결해 주는 스마트폰 기반의 승차 공유 서비스이다. 2018년 3월, 미국 애리조나 주 템피에서 시범운행 중이던 우버의 자율주행차(우버의 자율주행 기술을 탑재한 볼보 자동차)가 무단횡단하던 여성을 치여 숨지게 하는 사고가 발생했다. 이 사고의 원인을 놓고 책임 소재에 대한 논란이 크게 일어났다. 한쪽에서는 자율주행차의 센서가 제 기능을 하지 못한 만큼 우버의 책임이라는 주장이 일었고, 다른 한쪽에서는 무단횡단을 한 보행자에게 책임이 있다고 주장했다. 한편 사고 당시의 상황을 담은 동영상이 공개되면서 자율주행차의 운전자 부주의가 보행자를 사망까지 이르게 했다는 지적도 나왔다(영상 속 운전자는 사고 직전까지 시선을 아래에 두고 있었다).

자율주행차는 시범 운행 중

몇 해 전까지만 해도 영화에서나 볼 법했던 자율주행차가 어느새 현실 속으로 조금씩, 그러나 빠르게 들어오고 있습니다. 2014년 미국 피츠버 그 시에서는 우버의 자율주행 택시가 시범 운행을 시작했고, 같은 해 10월에는 자율주행 트럭이 택배를 성공적으로 배송했습니다. 그해 12월 구글은 자율주행차의 시제품을 공개했고요.

한편, 2016년 미국 미시간 주에서는 공공도로에서 무인자동차가 다닐 수 있는 법안이 통과되었습니다. 그때까지 유럽과 미국의 일부 주에서 자율주행차 테스트를 위한 법안이 마련된 적은 있지만 테스트를 넘어서 일반 무인자동차가 허락된 것은 처음입니다. 이제 본격적으로 운전대 없는 자동차가 일반 도로를 운행할 수 있는 환경이 마련된 것입니다. 우리나라 또한 2016년 자동차관리법 개정안이 시행되면서 자율주행차의 실제 도로주행이 가능해졌습니다. 현대자동차의 제네시스는 실제 도로주행을 허가받은 제1호차로 국토교통부가 지정한 구역 내에서 시범 운행 중입니다.

자율주행차의 분류 기준

자율주행 기술을 분류하는 등급은 현재 레벨 0에서 5까지 총 6단계로 나눕니다. 이 등급은 미국자동차공학회(Society of Automotive Engineers, SAE)에서 정한 기준인데요, 이전에는 2013년 미국도로교통안전국 (NHTSA)에서 정한 기준이 쓰이다가 이것 역시 2016년부터 새롭게 마련된 SAE 기준으로 대체되면서 세계적으로 SAE 기준이 표준이 되었습니다.

① 0단계

0단계는 기존과 같이 운전자가 수동으로 자동차를 운전하는 단계로 자율주행이라고 말할 수는 없지만 비교를 위해서 0단계라고 지칭합니다.

② 1단계

1단계의 자율주행은 보조적인 의미가 강합니다. 운전자가 대부분의 조작을 수동으로 하고, 자동차에 탑재된 자율주행 시스템이 주행에 일부 도움을 주는 수준입니다. 최근 새로 나오는 자동차에 옵션으로 들어가는 차선 유지 장치나 오토 크루즈(automatic cruise, 운행 속도를 지정하면 운전자가 액셀 페달을 밟지 않아도 속도를 유지하며 주행하는 장치) 등이 여기에 속합니다.

③ 2단계

2단계는 기본적으로 운전자가 직접 운행을 하지만 자동차의 자율주행 시스템이 상황에 맞게 스스로 속도를 조절하고, 장애물도 피할 수 있는 단계입니다.

④ 3단계

우리가 자율주행차라고 하면 흔히 떠올릴 만한 수준은 3단계부터라고 할 수 있습니다. 3단계는 자동차의 자율주행 시스템이 도로 상황을 분석하여 운전자의 특별한 조작 없이 스스로 운행할 수 있는 수준을 말합니다. 다만 특정 상황에는 수동으로 전환해 운전자가 직접 조작해야 하기 때문에 운전자의 탑승이 필요합니다.

⑤ 4단계

자동차의 자율주행 시스템이 모든 운행을 제어하는 완전 자율주행이라고 할 수 있습니다. 운전자는 출발 전에 목적지와 이동 경로를 입력하고 돌발 상황에서 개입하는 등 최소한의 역할만 합니다.

⑥ 5단계

도로에서 일어날 수 있는 모든 상황에 자율주행 시스템의 인공지능과 각종 센서들이 대응하기 때문에 운전자가 탑승할 필요가 없는 단계입니다. 5단계 자율주행차가 실현된다면, 차 안에 탑승자만 있거나 아무도 탑승하지 않은 상태에서도 차를 주행시키고 원하는 곳으로 이동시킬 수 있습니다.

삶의 질을 높여 주는 착한 기술

자율주행차가 보편화된다면 삶의 질은 무척 높아질 것입니다. 자율주행차가 생활에 미칠 긍정적인 부분을 구체적으로 살펴볼까요?

자율주행 시스템으로 100% 안전 운전?

자율주행차 보편화의 가장 긍정적인 측면은 자동차 사고의 감소입니다. 자동차 사고의 원인 중 사람의 부주의로 인한 부분은 자율주행차가 대중화된다면 크게 줄어들 것입니다. 구글 자동차 회사인 웨이모의 CEO 존 크라프시크(John Krofcik)는 2016년에 한 인터뷰에서 "우리는 거의 8년 동안 길에서 120만 명의 목숨을 앗아간 피로운전, 음주운전, 산만한 상태에서의 운전을 없애기 위해 노력해왔다"라고 말했습니다. 현재 개발 중인 자율주행차의 목표와 필요를 설명하는 말이지요.

　자율주행 기술의 개발이 대형트럭(화물차) 부분에서 우선하여 진행되고 있는 것도 이런 이유가 큽니다. 화물트럭의 경우 대부분 장거리를 주행하기 때문에 운전자의 피로도가 높아서 대형사고가 일어날 확률이 큽니다. 물론 뻥 뚫린 고속도로를 달리는 장거리 주행이 복잡한 시내를 오가는 것보다 돌발 상황이 적기 때문에 자율주행차가 기술적으로 더 쉽게 효율을 낼 수 있다는 이유도 있습니다. 따라서 자율주행 트럭이 상용화된다면 사고율이 대폭 줄어들고, 운행 시간 또한 단축될 수 있을 것입니다. 고용인의 입장에서는 인건비도 크게 절감할 수 있겠지요.

📶 자율주행 트럭은 어떤 모습일까?

스웨덴의 스타트업 업체인 아인라이드(Einride)에서 공개한 자율주행 트럭 '아인라이드 티팟'을 통해 미래 자율주행 트럭의 모습을 엿볼 수 있습니다. 원격 조정을 위한 첨단시스템을 갖추고 있는 이 트럭은 사람이 탑승하지 않기 때문에 운전석이나 창문이 없고 적재 공간도 기존의 트럭보다 훨씬 넓습니다.

유령체증을 없애 주는 자율주행차

자율주행차는 사고 위험을 줄여 줄 뿐 아니라 고질적인 교통 체증도 어느 정도 해결해 줄 것으로 기대됩니다. 교통 체증을 일으키는 원인에는 여러 가지가 있지만 도로 위의 사고도 매우 큰 비중을 차지합니다. 그러니 자동차 사고율의 감소는 곧 교통 체증의 감소로도 이어지겠지요. 그뿐만이 아닙니다. '유령체증(phantom jam)'이라는 말을 들어 본 적 있나요? 아직 운전 경험이 없는 친구들은 도로에 귀신이라도 나타나서 정체를 일으키는 건가 생각할 수도 있겠네요. 유령체증이란 그런 뜻이 아니라, 도로 공사나 교통사고와 같은 뚜렷한 원인이 파악되지 않는 정체 현상이 나타나는 것을 의미합니다. 이름은 마치 기이한 현상 같지만 사실 일상적으로 도로 위에서 일어나는 현상입니다.

차량의 흐름은 아주 많은 사람들의 생각과 행동이 반영되어 이루어지기 때문에 복잡하고 그만큼 예측하기 어렵답니다. 유령체증이 나타나는 원인도 오랜 연구를 통해 일부만이 밝혀졌을 뿐입니다. 그런데 그중에는 자율주행차의 등장으로 해결할 수 있는 부분이 있습니다. 바로 사람이 정확한 계산과 예측을 하기 어려워서 정체가 생기는 부분이지요.

예를 들어 볼까요? 나란히 달리던 차가 차선을 바꾸기 위해 앞쪽으로 끼어들면 원래 차선을 달리던 차는 끼어든 차와의 간격 유지를 위해 속도를 줄이겠지요. 그런데 이때 필요한 것보다 더 큰 폭으로 속도를 줄이면 앞 차와의 간격은 더 크게 벌어지고, 뒤에 오던 차들도 줄줄이 필요 이상으로 속도를 늦추게 될 것입니다. 중요한 것은 이러한 현상이 한 번만 일어나는 것이 아니라 뒤로 갈수록 연쇄적으로 일어나면서 조금씩 오차가 더해진다는 사실입니다. 그렇기 때문에 처음 차선을 변경한 자동차에서 멀어질수록 그에 대한 영향을 크게 받는 현상이 생기고, 멀리 뒤쪽에서 달리던 차들은 영문을 모른 채 '유령체증'을 겪게 되는 것이지요.

그런데 만약 도로를 달리는 모든 차가 자율주행차라면 어떨까요? 자율주행 시스템이 앞 차의 속도에 따라 간격 유지를 위해 필요한 정확한 속도를 계산해 줄 것입니다. 그 뒤에 차도, 그 뒤에 차도 마찬가지겠지요. 결과적으로 차량의 흐름이 바뀌어도 꼭 필요한 최소한의 정체만 일어나게 될 것입니다. 이처럼 차량의 움직임이 안전하고 정확하게 진행되는 것이 미래의 자율주행차에 기대하는 긍정적인 부분이지요.

자율주행차가 우리 삶에 가져오는 변화

소유에서 이용으로

자율주행차가 보급된다면 기존에 사람들이 자동차에 대해 가지고 있던 인식이 많이 달라질 것입니다. 현재 자동차를 가진 사람들은 자신이 소유한 자동차를 집 앞 주차장에서 끌고 나와 필요할 때 직접 운전해서 이용합니다. 자동차를 활용하기 위해서는 소유해야 하고, 차를 소유하기 위해서는 주차 공간이 필수이지요. 지금도 개인 소유의 차를 지칭하는 말로 쓰이는 '자가용(自家用)'이라는 단어에서 이런 자동차에 대한 인식을 엿볼 수 있습니다.

우리가 자동차를 이용하는 기본적인 목적은 필요한 장소에서 필요한 시간에 원하는 곳으로 이동하기 위해서입니다. 대중교통을 이용하려면 정류장이나 지하철역으로 가야 하고 다시 그곳에서 이동수단이 오기를 기다려야 합니다. 운행 시간도 한정되어 있어서 늦은 밤이나 이른 새벽에는 이용하기 어렵지요. 그런데 모든 대중교통이 자율주행 차량으로 바뀐다면 어떨까요? 운전자가 필요 없으니 버스는 24시간 운행을 할 수 있고, 자율주행 택시는 사람들이 어디에서든 호출만 하면 필요한 시간에 정확하게 도착할 것입니다.

한편, 대중교통뿐 아니라 개인 소유의 자동차라도 가까운 사람들과 차를 공유하면서 함께 사용하는 것이 가능해질 것입니다. 예를 들면, 출근할 때 타고 온 차를 출근 후 회사에서 부모님 댁으로 보낸다면 낮 시간에는 부모님이 사용할 수 있습니다. 그리고 저녁이 되어 퇴근 시간이 되면 부모님이 다시 회사로 차를 보내 주어서 퇴근할 때 탈 수 있겠지요. 한 사람만이 소유하고 이용하던 자동차를 여럿이 필요에 따라 함께 쓸 수 있게 되는 것인데요, 이는 4차산업 사회의 특성으로 꼽는 연결과 공유의 사회를 이루어 가는 모습이라고 볼 수 있지요.

물론 사람들이 반드시 편리한 이동만을 목적으로 자동차를 소유하는 것은 아닙니다. 자동차 소유에는 훨씬 더 복잡한 욕망과 사회적 의미가 담겨 있지요. 그래서 오롯이 개인 소유의 자동차가 완전히 사라지지는 않을 것입니다. 하지만 실용적인 목적에 주안점을 두고 차를 소유하고 유

🛜 음원 스트리밍과 자율주행차

기술의 발전으로 원래는 물리적으로 존재했던 상품이 가상 세계 속의 디지털 파일로 바뀌는 경우가 있죠. 무슨 공상과학 영화에서나 나오는 이야기 같지만 사실 우리 주변에서 흔하게 일어나는 일입니다.

대표적인 것이 바로 음악입니다. 이전에 음악을 듣기 위해서는 테이프든, CD든 음악을 저장해 놓은 물리적인 매개체가 있어야 했습니다. 하지만 지금은 누구나 멜론이나 애플뮤직 같은 음원 사이트에 접속해서 실시간으로 스트리밍 서비스를 이용할 수 있지요. 그래서 이전에 비해 CD를 구매하거나 음원을 다운로드 받아 저장하는 사람들이 크게 줄었습니다.

앞으로 기술의 발전으로 인해 이처럼 같은 자원을 여럿이 공유할 수 있는 서비스는 점점 더 늘어날 것입니다. 그래서 이전처럼 상품(음악)을 '소유'하는 것이 아니라 '이용'하게 되겠지요. 이러한 현상은 비단 물리적 실체가 없는 음악이나 텍스트 상품뿐만 아니라 실체가 있지만 무인으로 충분히 조종이 가능한 여러 상품에서도 나타날 것입니다. 지금의 자동차도 무인 인공지능 기술의 발전으로 완전 자율주행이 가능해진다면 소유보다는 공유의 개념에 더 가까워질 것이라 예상할 수 있습니다.

지하던 사람들은 자율주행차의 보편화 이후로는 자동차를 '소유'하는 데 크게 연연하지 않을 것입니다.

시간 절약, 공간 절약, 자원 절약

자율주행차가 보편화되면 남녀노소 모두가 한층 더 자유롭게 이동할 수 있어 삶의 영역이 확장되고, 이동에 쓰던 시간이 줄어들어 보다 여유로운 삶을 누리게 될 것입니다. 특히 운전을 하지 못해 이동이 불편했던 장애인이나 노인, 어린아이 등 교통 약자들은 전보다 훨씬 편하게 더 멀리까지 움직일 수 있고, 그 덕분에 보다 다양한 사회 활동을 할 수 있을 것입니다. 또 기존에 운전을 하던 사람들도 운전에 집중하는 대신 모자란 잠을 보충하거나 밀린 업무를 보고, 취미 활동을 하는 등 다른 일에 시간을 활용할 수 있어 삶의 질이 향상될 것입니다. 출퇴근이 수월해지면 생활 반경이 훨씬 넓어져서 지금처럼 시내에 인구가 집중되지 않고 좀 더 여유로운 지방으로 인구가 분산되는 긍정적인 효과도 기대할 수 있습니다.

또한 자동차를 소유하지 않고 공유하는 사람들이 많아지면, 차를 정차해 둘 필요가 많이 줄어들므로 이전에 주차장으로 사용하던 공간을 다른 용도로 활용할 수 있겠지요. 같은 원리에서 볼 때, 지금보다 현저히 적은 수의 자동차로도 동일한

수요를 감당할 수 있게 되어 자동차를 만드는 데 들어가는 자원도 절약할 수 있을 것입니다.

거꾸로 생각해 보면…

하지만 긍정과 부정은 동전의 양면과 같아서 어느 한 면만 보고 행복한 미래를 꿈꿀 수는 없습니다. 자율주행차가 가져다주는 생활의 편리함이 누군가에게는 안 좋은 점이 될 수도 있습니다.

대표적으로 일자리 문제가 있습니다. 자율주행차가 보급되면 여러 직업이 사라지거나 줄어들게 될 것입니다. 택시나 버스를 운행하는 기사들이나 화물 운송업을 하는 많은 사람들이 자율주행 시스템에 운전석을 빼앗길 수 있겠지요. 이는 기업 입장에서는 인건비가 절감되는 긍정적 변화이지만, 일자리를 잃어버리는 개인이나 그의 가족에게는 생존권을 위협하는 부정적 변화입니다. 만약 일자리를 잃게 된 버스 기사 혹은 화물차 운전자가 내 가족이라면, 우리는 자율주행의 편의성만 생각하며 맘 편히 있을 수 없겠지요.

지금보다 자동차 대수가 급격하게 줄어드는 것도 자원 절약과 환경 보호에는 도움이 되겠지만, 자동차 제조업에 종사하는 사람들에게는 심각한 경제적 위협이 될 것입니다. 그러므로 자율주행차의 발전과 함께 뒤따를 수밖에 없는 이러한 부정적인 변화들에 대한 고민과 대안도 반드시 논의되어야 할 것입니다.

자율주행차의 한계

완벽한 자율주행 시스템은 가능할까?

고속도로에서 두 대의 자율주행차가 달리는 장면을 상상해 볼까요? 앞서 가던 차는 뒤에 오는 차와 간격이 좁혀지자 안전거리를 유지하기 위해 속도를 높입니다. 이때 뒤차도 앞차와 일정 간격을 두기 위해 속도를 줄입니다. 두 대의 자율주행차가 동시에 이런 판단을 해서 움직였기 때문에 두 차 사이의 간격이 크게 벌어집니다. 그 벌어진 간격 사이로 옆 차선의 또 다른 차가 끼어들자, 이번에는 세 대의 차가 전부 속도를 변경해야 하는 상황이 발생합니다. 물론 고속도로에는 이 세 대의 차만 있는 것이 아니라, 다른 여러 자동차들도 함께 달리고 있는 중이지요. 이런 복잡한 상황에서 자율주행차는 어떻게 움직여야 할까요? 전문가들은 이처럼 복잡한 돌발 상황에서 적절하지 못한 대처로 사고가 발생할 수 있는 위험을 최대한 막기 위해 다양한 상황을 가정하여 연구합니다. 자율주행 시스템이 어떤 상황에서 어떻게 대처해야 할지 그 규칙을 정해 주는 것이지요.

그런데 자율주행 시스템에 대해 많은 사람들이 우려하는 부분 중 하나가 각 제조업체마다 서로 다른 기준을 적용하여 시스템을 프로그램할 수 있다는 점입니다. 그중 하나만이라도 결함이나 착오가 있다면, 그 시스템이 적용된 모든 자동차에서 문제가 발생할 뿐만 아니라 다른 자율주행 시스템과도 충돌할 수 있기 때문입니다. 또한 도로 위 상황은 매 순간 변화하기 때문에 자율주행 시스템에 수백만 개의 상황을 입력해 놓아도 거기에서 벗어난 상황은 언제든지 일어날 가능성이 있습니다.

트롤리 딜레마란?

기술적 문제 외에 윤리적, 도덕적인 측면에서 고민해 볼 문제도 있습니다. 바로 #트롤리 딜레마와 같은 상황의 문제입니다. '트롤리 딜레마'란 윤리학에서 도덕적인 견해에 대하여 토론할 때 자주 나오는 유명한 사고실험(thought experiment, 머릿속에서 생각으로 진행하는 실험)입니다. 트롤리는 전철 윗부분에서 전기선과 연결하는 쇠바퀴 모양을 말하는데, 실험에 등장하는 전차에서 따온 이름입니다.

구체적인 트롤리 딜레마의 상황은 이렇습니다. 기차가 운행 중에 고장이 나서 멈출 수 없게 되었습니다. 진행 중인 선로에는 마침 다섯 사람이 서 있고, 그대로 지나가면 그 사람들은 죽을 것입니다. 이때 갈림길이 나와서 다른 방향으로 선로를 바꿀 수 있습니다. 하지만 다른 쪽 선로에도 한 사람이 서 있어서 선로를 바꾼다면 원래 선로에 서 있던 다섯 사람은 살겠지만 다른 선로의 한 사람은 죽을 것입니다. 멈출 수 없는 기차가 점점 가까워지고 있습니다. 선로를 바꾸거나 그대로 두는 것 중 선택할 수 있다면 여러분은 어떤 선택을 하겠습니까?

이에 대한 답은 개인의 가치관과 도덕관에 따라 다르게 내릴 수 있습니다. 누군가는 상황에 아무런 개입도 하지 않는다면 원래 다섯 사람이 죽을 운명이었기 때문에 그대로 내버려 두어야 한다고 답할 것입니다. 또 다른 누군가는 한 사람을 희생해서 다섯 사람을 살릴 수 있다면 선로를 바꾸어야 한다고 답할지도 모릅니다. 윤리학이나 사회학 분야에서는 이 문제를 활용하여 각각의 선택을 하는 비율이나 선택의 이유에 대한 다양한 연구와 토론이 이루어지고 있습니다.

자율주행차가 트롤리 딜레마를 고민해야 하는 이유

4차산업 시대에 트롤리 딜레마가 문제가 되는 이유는 명확한 정답이 없이 대답하는 사람에 따라 각각 다른 답을 내놓을 수 있기 때문입니다. 앞으로 점차 판단을 내리는 주체가 사람에서 인공지능으로 바뀌어 갈 것이기에 우리는 이 문제에 대한 답을 가능한 한 명확히 내려서 우리 대신 자동차를 운전할 인공지능에게 가르쳐 주어야 합니다.

트롤리 딜레마와 같은 상황에 처한다면 자율주행 시스템이 어떻게 결정하도록 만들어야 할까요? 예를 들어, 브레이크가 고장 난 상태에서 그대로 가면 한 사람이 사망하지만 핸들을 꺾으면 더 많은 사람들이 사망하는 상황에서는 어떻게 해야 할까요? 여기에 더 복잡한 상황이 더해질 수도 있습니다. 방향을 바꾸지 않으면 운전자 본인만 사망하지만, 핸들을 꺾으면 보행자 여럿이 사망하는 상황이라면 어떨까요? 혹은 그대로 주행하면 어린아이 한 명이 희생되고, 핸들을 꺾으면 나이가 많은 노인들이 치이는 상황이라면요? 자율주행 시스템은 어떤 상황에서든 차에 타고 있는 운전자의 생명을 우선해야 할까요? 만약 운전자를 희생하더라도 더

🛜 내가 트롤리 딜레마 상황에 처한다면?

MIT에서 만든 '도덕 기계(Moral Machine)'라는 사이트(https://www.moralmachine. net/hl/kr)에 들어가면 무인자동차가 겪을 수 있는 다양한 트롤리 딜레마 상황에 어떻게 대처할지를 직접 선택해 볼 수 있습니다. 한글도 지원되니 인터넷 주소를 입력해서 실제로 방문해 보아도 흥미로울 거예요. 이 사이트에서는 내가 선택한 결과와 다른 사람들의 선택을 비교해서 보여 주어 사람들의 도덕적 결정에 대한 다양한 견해를 알아볼 수 있습니다. 또 특정한 도덕적 딜레마 상황을 직접 디자인해서 다른 사람들이 어떻게 판단하는지 알아볼 수도 있습니다.

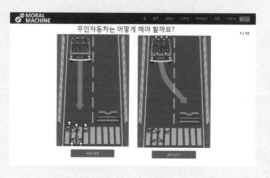

많은 사람들을 살리도록 프로그램된 자율주행차를 만든다면, 과연 사람들이 그 차를 타고 싶어 할까요?

자율주행차는 사람처럼 예기치 못한 상황에서 순간적으로 판단을 하고 움직이는 것이 아니라 미리 프로그램된 대로 움직이게 됩니다. 이런 점 때문에 생명의 우선순위를 선택할 수밖에 없는 상황에서 더 계산적으로 느껴지는 것도 사실입니다. 그래서 트롤리 딜레마와 같은 상황에서 자율주행 시스템이 어떻게 판단해야 할지가 사회적으로 뜨거운 논란거리가 되는 것이기도 하겠지요.

자율주행차가 사고를 낸다면 누구의 책임일까?

자동차 사고의 획기적 감소가 자율주행차 시행의 최대 장점인 반면, 사고가 났을 때 책임 소재를 명확히 가리기 힘들다는 점은 가장 염려되는 면입니다. 트롤리 딜레마와 같은 경우에 자율주행 시스템의 판단으로 인해 사망자가 발생한다면 그 책임에 대한 논란이 생길 것은 분명합니다.

실제로 2016년 5월, 테슬라가 만든 자율주행차가 트럭과 부딪혀 자율주행차의 운전자가 사망하는 사고가 발생했습니다. 그 후 사고의 책임을 두고 미국 사회는 물론이고 세계 여러 나라에서 큰 논란이 일어났지요. 사고 당시 차에는 운전자가 탑승하고 있었지만 자동주행 모드로 운행되고 있었습니다. 이러한 경우 현재의 보험 시스템에서는 운전자가 책임을 져야 합니다. 하지만 자율주행차에서는 사람이 운행 주체가 아니기 때문에 인공지능 소프트웨어를 만든 제조회사에 책임을 물어야 한다는 목소리도 있습니다. 물론 자율주행차를 제조한 회사 측에서는 자율주행 시스템이 정교하게 프로그램 된 상황에서 최선의 선택을 한 것이므로 프로그램의 문제가 아니라고 반박할 것입니다.

자율주행 시스템의 불안정성, 불완전성 측면에서 해킹에 대한 우려 역시 존재합니다. 해킹 사고 발생 시에도 책임 소재를 놓고 논란이 생길 수 있고요. 실제로 중국의 보안회사 킨시큐리티랩(Keen Security Lab)의 해킹팀은 2016년 9월, 테슬라의 자율주행차를 해킹하는 데 성공했습니다. 영화 〈분노의 질주: 더 익스트림〉(2017)에서는 자율주행차를 해킹해 건물에 주차된 자동차들이 고꾸라지고 도로가 아수라장이 되는 모습이 나오는데요, 이는 결코 짜릿한 액션 신으로만 보아 넘길 수 없는 미래사회의 어두운 모습일 수 있습니다.

〈분노의 질주〉의 한 장면.
자율주행차가 해킹을 당했을 때 얼마나 큰 사고가 일어날 수 있는지 보여 줍니다.

자율주행차가 달리는 세상

지금까지 자율주행차의 보급이 우리 사회에 미칠 영향을 살펴보았습니다. 당연한 얘기지만 긍정적 변화는 더욱 키우고, 부정적 변화는 최소화해야 할 텐데요, 더 나은 미래 사회를 만들기 위해 어떠한 노력을 기울여야 할까요?

먼저 사람이 운전하는 차량과 자율주행차가 함께 주행하는 상황에서 발생할 수 있는 사고의 다양한 측면을 예측·조사하고 각각의 경우에 대해 세밀한 대책을 세워 나가야 합니다. 사고 책임과 처벌에 관한 논의를 통해 합리적 기준을 세우고 법률로서 제도화하는 일이 무엇보다 시급합니다. 이때 각 기업, 기관, 개인과 단체의 의견이 크게 부딪칠 수밖에 없기 때문에 사회적으로 깊이 있고 투명한 토론이 이루어져야 합니다.

다음으로 운전자에게 면허증을 부여하듯 자율주행차 인공지능 시스템의 안전성을 검증할 수 있는 제도를 설계하고 발전시켜 나가야 할 것입니다. 순간의 기술적 에러가 사람의 생명을 좌우하는 만큼 소프트웨어의 안정성 담보는 필수적 요소입니다. 자율주행차의 인공지능 시스템을 운전 주체로 인정하고 운전면허제도권에 포함시킬 때 기술적 안전성이 더욱 탄탄해질 수 있을 것입니다. 또 사고 발생 시 책임 소재도 명확히 가를 수 있겠지요.

현재 자율주행차를 개발·생산하고 있는 기업들은 보안회사와 손잡고 자동차 해킹에 대한 위협에 대비하고 있습니다. 이와 더불어 자동차 정비 영역도 차체만 신경쓰던 기존의 하드웨어 정비에서 자율주행 시스템의 오류나 결함까지 점검하는 소프트웨어 정비로 확대되어야 할 것입니다.

한편, 자율주행차 시행으로 직업을 잃을 수 있는 이들에 대한 사회적 대책도 마련되어야 합니다. 화물기사, 버스기사, 택시기사, 택배기사, 자동차보험 설계사 등 변화를 맞게 될 이들의 충격을 최소화하고 다른 일자리를 구할 수 있도록 하는 사회적 지원이 필요합니다.

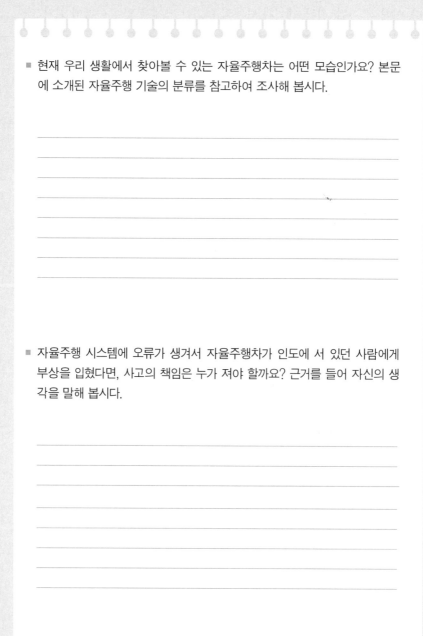

곰곰이 생각하기

■ 현재 우리 생활에서 찾아볼 수 있는 자율주행차는 어떤 모습인가요? 본문
  에 소개된 자율주행 기술의 분류를 참고하여 조사해 봅시다.

_____

_____

_____

_____

_____

_____

_____

■ 자율주행 시스템에 오류가 생겨서 자율주행차가 인도에 서 있던 사람에게
  부상을 입혔다면, 사고의 책임은 누가 져야 할까요? 근거를 들어 자신의 생
  각을 말해 봅시다.

_____

_____

_____

_____

_____

_____

_____

■ 도로 위에 모든 차가 자율주행으로 움직이는 상황이라면, 사고를 방지하기 위해서 사람이 수동으로 운전하지 못하게 해야 할까요? 아니면 인간의 권리를 존중하기 위해 운전을 허락해야 할까요?

_____

_____

_____

_____

_____

_____

■ 자율주행차가 활성화되었을 때 사라질 직업, 새로이 생겨날 직업에는 무엇이 있을까요? 앞에서 이야기한 부분 이외에 어떠한 것이 있을지 생각해 봅시다.

_____

_____

_____

_____

_____

_____

Chapter

06

핀테크는
금융의 미래를
어떻게 바꿀까?

핀테크   # 스마트페이
블록체인   # 비트코인
크라우드펀딩   # P2P 금융

여는 이야기

신기술로 만드는 새로운 금융

#핀테크(fintech)란 단어를 들어 본 적 있나요? 요즘 들어 경제 관련 뉴스에서 자주 언급되는 말이기도 한데요, 금융(financial)과 기술(technology)이라는 뜻의 영단어를 합성한 신조어입니다. 쉽게 말하면, 금융 서비스를 모바일 환경에서 더 자유롭게 이용할 수 있도록 해 주는 기술을 뜻합니다. 보통은 4차산업 사회로의 변화를 이끄는 빅데이터나 블록체인 등의 신기술을 금융에 적용한 방식을 가리킵니다.

핀테크 기술은 새로운 모바일 결제 서비스인 #스마트페이(간편결제서비스)를 비롯하여 대출, 주식, 송금, 자산관리 등 다양한 분야에 걸쳐 개발·적용되고 있습니다. 간혹 스마트페이를 핀테크와 혼용하기도 하는데, 사실 이는 핀테크의 한 부분일 뿐 전체를 뜻하지는 않습니다. 핀테크는 좀 더 포괄적인 개념으로 기존의 오프라인 은행에서 제공하던 서비스를 단순히 온라인에서 제공하는 것뿐만 아니라, 오프라인에서는 불가능했던 서비스를 새로운 기술을 적용하여 온라인으로 제공할 수 있게 된 것입니다. 모바일 결제, 모바일 송금, 블록체인과 암호화폐, 크라우드펀딩 등이 모두 핀테크의 종류라고 할 수 있습니다.

핀테크의 시작은 결제 및 송금을 인터넷이나 스마트폰으로 자동화하는 수준이었지만, 이후 IT 회사들이 핀테크를 주도하며 애플페이, 삼성페이, 카카오페이, 라인페이 등 앱 기반의 다양한 간편결제서비스를 중심으로 새롭게 발전해 나가기 시작했습니다.

지갑이 없어도 괜찮아, 스마트페이

아무래도 핀테크 하면 가장 먼저 떠올리는 것이 간편결제서비스라고도 부르는 스마트페이일 것입니다. 최근에는 한 번이라도 사용해 보지 않은 사람이 드물 정도로 널리 쓰이고 있지요. 흔히 ○○페이라고 이름 붙이는데, 시중은행들까지 핀테크 업체들과 제휴를 맺으면서 스마트페이 시장은 날로 커지고 있습니다.

처음 스마트페이 서비스로 유명해진 회사는 미국의 페이팔(PayPal)입니다. 페이팔은 온라인 송금을 지원하면서 기존의 거래를 전자 지불 시스템으로 대체한 회사입니다. 구매자는 판매자에게 자신의 신용카드 번호나 계좌 등을 노출하지 않고 페이팔 서비스를 이용해 돈을 지불할 수 있고, 페이팔은 금액에 대한 일정 수수료를 가져갑니다. 페이팔은 글로벌 쇼핑몰 이베이(eBay)의 결제 시스템으로 쓰이며 세계적으로 성장했습니다.

국내에서 스마트페이 서비스가 널리 퍼지게 된 계기는 공인인증서나 ActiveX 같은 기존의 복잡한 온라인 결제 절차를 간소화하여 편리성이 증대되었기 때문이라는 의견이 많습니다. 얼마 전까지만 해도 인터넷 쇼핑몰에서 물건을 구매하고 결제할 때마다 수많은 보안 프로그램을 깔고, 몇 번이나 인증을 거쳐야 했지요. 스마트페이는 사전에 등록해 놓은 비밀번호나 생체 정보 등의 인증을 통해 복잡한 과정을 생략하고 쉽게 결제할 수 있도록 합니다. 이러한 편리함이 스마트페이의 확대에 큰 역할을 한 것이지요.

금융의 혁신을 가지고 올 새로운 보안 기술, 블록체인

핀테크의 다양한 분야 중에서도 최근 가장 이슈가 되었던 것은 블록체인 기술과 암호화폐입니다. 이 둘은 혼용되는 경우가 많은데, #블록체인은 새롭게 고안된 데이터 저장 기술이고 #비트코인으로 대표되는 암호화폐는 블록체인 기술의 활용 사례 중 하나입니다. 블록체인은 정확히 어떤 기술일까요?

📶 오프라인에서도 쓰이기 시작한 스마트페이

다양한 스마트페이 서비스는 오프라인으로도 확대되고 있습니다. 페이코를 운영하는 NHN엔터와 카카오페이 운영사 카카오는 오프라인에서 제휴 매장을 늘리는 추세입니다. 페이코는 14만 이상의 오프라인 가맹점에서 페이코 앱만 있으면 결제할 수 있습니다. 또한 삼성페이처럼 마그네틱 신용카드 정보를 무선으로 전송시켜 결제하는 방식을 적용할 예정으로, 이 방식이 도입된다면 대부분의 오프라인 가맹점에서 사용할 수 있게 될 것입니다.

카카오페이도 오프라인 매장 결제 서비스를 출시하고 영역을 확장하고 있습니다. 대형 프랜차이즈 가맹점들은 물론 카카오페이 서비스를 신청한 소상공인 매장에서도 카카오페이로 결제할 수 있습니다. 결제 방식은 사업자의 QR 코드를 스마트폰으로 스캔하여 지불하는 방식입니다.

국내 오프라인 결제 시장 규모는 2016년 기준 약 700조 원으로, 온라인 결제 시장(약 80조)의 9배에 달한다고 합니다. 간편결제서비스의 성장 가능성이 온라인에 비해 월등히 높은 시장이지요. 이 때문에 간편결제서비스 업체들이 오프라인 확대에 주력하는 것입니다.

블록체인이란 정보를 나눠서 저장하는 기술

지금까지의 금융 거래 방법을 먼저 생각해 봅시다. 은행에서 돈을 입출금하면 그 거래내역은 은행과 나만 가지고 있습니다. 만약에 은행이 해킹을 당해서 거래내역이 사라져 버린다면 다시 그 내용을 찾기가 불가능합니다. 물론 나에게도 거래 내역이 남아 있긴 하지만 그것만으로는 신뢰성을 갖기 어렵습니다.

이러한 보안의 취약점을 없애기 위해 거래 당사자만 가지고 있던 거래장부를 조각내서 아주 많은 사람들에게 나누어 주는 것이 바로 블록체인 방식입니다. 블록체인 시스템에서는 개인 간 거래 내용을 네트워크에 접속한 많은 사람들에게 나누어 저장하도록 합니다. 물론 이때 거래 내용은 알 수 없도록 암호화해서 저장됩니다. 이처럼 많은 사람들이 거래 내용을 나누어 가진다고 해서 블록체인을 '분산거래장부' 또는 '공공거래장부'라고도 합니다.

이 거래 내용은 일정 시간이 지나면 하나의 블록이 되어 저장되고, 거래가 일어날 때마다 또 다른 블록이 생겨서 그 위에 쌓이게 됩니다. 이런 블록들이 체인처럼 연결되어 있다고 해서 '블록체인'이라는 이름이 붙은 것입니다. 많은 사람들에게 분산되어 저장되어 있는 거래 내용을 바꾸거나 고치려면 그 정보를 나눠 갖고 있는 수많은 사람들을 동시에 해킹해야 합니다. 더불어 한번 블록으로 형성되면 그 위에 쌓인 모든 블록을 들어내야 원래의 블록을 수정할 수 있습니다. 이 때문에 블록체인 방식은 한번 거래가 기록되면 원칙적으로 해킹이 불가능한 셈입니다.

블록체인의 무궁무진한 가능성

블록체인 기술이 처음 등장했을 때는 이 기술을 이해하는 사람들이 많지 않았습니다. 그러나 이 기술이 주는 장점이 크다는 것이 알려지면서 곧 엄청난 반향을 일으켰습니다. 그 시작이 바로 가상화폐였지요. 그러나 블록체인 기술은 가상화폐뿐만 아니라 정보처리, 유통, 헬스케어, 공공서비스 등 매우 많은 분야에서 활용이 가능합니다. 이 때문에 저명한 미래학자인 돈 탭스콧(Don Tapscott)은 지난 30~40년을 인터넷이 지배한 것처럼 앞으로의 30년을 블록체인이 지배할 것이라고 예견하기도 했습니다.

전문가들은 블록체인 기술이 거의 모든 분야에서 폭넓게 활용될 가능성이 크다고 봅니다. 특히 보안이 중요한 정보 분야와 경로 추적이 필요한 분야에서는 매우 활발하게 이용될 것으로 보입니다. 학생생활기록부 같은 중요한 문서도 블록체인 기술을 이용해 암호화해 놓는다면 외부에 누출될 불안 없이 안전하게 보관할 수 있겠지요.

블록체인과 비트코인

2008년 10월 31일 '사토시 나카모토'라는 가명으로 암호화 기술 커뮤니티인 메인(Gmane)에 한 편의 논문이 올라왔습니다. 이 논문의 제목이 바로 비트코인을 세상에 태어나게 한 〈비트코인: 개인 대 개인 전자화폐 시스템(Bitcoin: A Peer-to-Peer Electronic Cash System)〉이었습니다.

사토시 나카모토가 말한 '개인 대 개인'이란 현재 우리가 아는 P2P

방식을 의미합니다. 다시 말해, 사토시 나카모토의 전자화폐 시스템은 인터넷에서 개인과 개인이 파일을 주고받는 것처럼 개인과 개인이 전자화폐를 주고받는다는 의미입니다. 이러한 방식 자체는 사실 이전과 크게 다를 바가 없습니다. 사토시 나카모토의 논문이 이전에 비해 특별했던 점은 바로 블록체인 방식을 활용했다는 점입니다.

그렇다면 블록체인과 비트코인은 어떤 관계가 있을까요? 기술적인 설명을 하려면 조금 복잡한데요, 아주 간단하게 설명하면 다음과 같습니다. 블록체인은 거래의 신뢰도를 유지하기 위해 시스템 내의 모든 사용자에게 거래 내용이 담긴 장부를 나누어 준다고 했지요? 그런데 이 장부를 각각의 개인들에게 그대로 나누는 것이 아니라 암호화한 후 봉인한 상태로 저장해야 합니다. 이 과정을 위해 수없이 연산을 반복해야 하고 여기에는 많은 시간과 자원이 들어갑니다. 아무런 보상도 없이 자신의 시간과 돈을 들여 여기에 참여하는 사람은 없겠지요? 그래서 이에 대한 보상으로 제시된 것이 비트코인이라고 부르는 암호화폐입니다.

Bitcoin: A Peer-to-Peer Electronic Cash System

Satoshi Nakamoto
satoshin@gmx.com
www.bitcoin.org

2008년 발표된 사토시 나카모토의 논문 〈비트코인: 개인 대 개인 전자화폐 시스템〉의 첫 부분

Abstract. A purely peer-to-peer version of electronic cash would allow online payments to be sent directly from one party to another without going through a financial institution. Digital signatures provide part of the solution, but the main benefits are lost if a trusted third party is still required to prevent double-spending. We propose a solution to the double-spending problem using a peer-to-peer network. The network timestamps transactions by hashing them into an ongoing chain of hash-based proof-of-work, forming a record that cannot be changed without redoing the proof-of-work. The longest chain not only serves as proof of the sequence of events witnessed, but proof that it came from the largest pool of CPU power. As long as a majority of CPU power is controlled by nodes that are not cooperating to attack the network, they'll generate the longest chain and outpace attackers. The network itself requires minimal structure. Messages are broadcast on a best effort basis, and nodes can leave and rejoin the network at will, accepting the longest proof-of-work chain as proof of what happened while they were gone.

블록체인 시스템이 유지될 수 있도록 참여해 주는 사람에게 보상으로 비트코인을 지급하고, 이 비트코인이 널리 통용되어 그 가치를 유지하기 위해서는 더 견고하게 블록체인 시스템을 구축해야 합니다. 그래서 비트코인을 소유한 사람들은 더욱 열심히 시스템에 기여하게 되는 순환이 일어나는 것이지요. 비트코인은 이러한 체계를 만든 첫 번째 암호화폐로 가장 유명해졌고, 암호화폐의 대명사처럼 쓰이기도 했습니다. 이후로 기존의 단점을 보완한 새로운 블록체인 시스템과 암호화폐가 헤아리지 못할 정도로 다양하게 개발되었습니다.

📶 사토시 나카모토의 정체를 아시나요?

비트코인의 개발자 사토시 나카모토는 2010년 12월에 비트코인 사이트에 마지막 게시물을 올리고 난 후 잠적했습니다. 이 때문에 사토시 나카모토의 정체에 대해서 지금까지도 논란이 많습니다. 일본 이름이지만 일본어를 한 번도 사용한 적이 없어서 일본인인 척하는 다른 나라 사람일 것이라는 주장도 있었습니다. 2014년에는 미국의 〈뉴스위크〉에서 금융정보 회사의 컴퓨터 엔지니어인 도리안 나카모토를 지목했으나 본인이 자신은 사토시 나카모토가 아니라고 밝혔으며, 2016년에 호주의 컴퓨터 공학자인 크레이그 라이트가 자신이 사토시 나카모토라고 밝혔다가 주위의 의혹에 자신의 주장을 철회한 적이 있었습니다. 이후에도 사토시 나카모토는 한 사람이 아니라 여러 사람으로 이루어진 집단의 이름이라는 주장이 나오는 등, 그에 대한 추측은 계속되고 있습니다. 과연 사토시 나카모토는 누구일까요?

다양한 분야에서 활용되는 블록체인

블록체인 기술의 장점은 여러 분야에 활용할 수 있습니다.

먼저, 건강관리나 유통과정 등의 경로를 추적하는 데 유리합니다. 병원에서 진료를 받은 환자들의 기록은 해당 병원의 컴퓨터에만 기록됩니다. 인터넷상에서 공유하다가 자칫 불특정 다수에게 노출될 우려가 있기 때문이죠. 그래서 한 환자가 여러 병원에서 진료받은 내용을 한 번에 볼 수 없다는 어려움이 있습니다. 블록체인 기술은 이러한 문제의 대안이 될 수 있습니다. 모든 진료기록들을 암호화하여 공유할 수 있기 때문에 어느 병원에서든 상관없이 환자의 기록을 모아 볼 수 있습니다. 식품이나 상품의 유통정보도 마찬가지입니다. 소를 수입해서 도축하고 상품으로 만들어 소비자에게 전달하기까지 모든 정보를 블록체인 기술로 암호화해 놓은 뒤 필요할 때 한번에 확인할 수 있습니다. 유통 과정에서 문제가 발생했을 때 어디에서 비롯된 것인지를 쉽게 알 수 있지요.

또한 금융 거래를 할 때 본인의 신분을 노출하지 않아도 되어서 개인정보가 유출될 염려가 없다는 것도 블록체인의 장점입니다. 보통 은행에서 거래를 하기 위해서는 처음에 개인의 신분을 증명하는 과정을 거칩니다. 그래서 생년월일은 물론 주민등록번호, 사진, 주소 등이 모두 은행에 저장되지요. 그러나 블록체인 기술을 활용하면 이런 정보가 없어도 거래가 가능합니다. 굳이 신원을 확인하지 않아도 블록체인으로 묶인 수많은 사용자들이 거래의 신용을 담보하는 셈이니까요.

거래 시간도 매우 단축됩니다. 보통 은행에서 대출을 하려면 개인의 신분을 확인하고 신용정보를 파악하기 위해 많은 시간이 걸립니다. 큰 기업의 경우에는 이러한 절차에 일주일 이상의 시간이 걸리기도 하지요. 그

러나 블록체인 기술을 활용하면 개인과 개인이 그동안 주고받은 거래 내역이 다 저장되어 있기 때문에 신용정보를 파악하는 데 몇 분이면 충분합니다. 실제로 미국의 주식시장 나스닥에서는 주문–결산–승인–이체–체결–정산까지 보통 3일 정도 걸리던 시간을 블록체인 기술을 활용하여 10분으로 단축하였습니다.

블록체인과 암호화폐의 단점

블록체인기술을 활용한 비트코인의 가격은 짧은 순간에도 요동치는 사례가 많습니다. 실제로 하루 만에 40% 가까이 떨어진 적도 있었죠. 그래서 블록체인 기술이 아직은 불안하다는 평가도 많은데요, 블록체인의 단점에는 무엇이 있는지 한번 살펴볼까요?

첫째, 거래 규모에 따라 거래가 불안정해질 수 있습니다. 블록체인 기술은 많은 사람들의 컴퓨터에 거래정보를 저장하는 방식입니다. 그래서 트래픽(traffic)★을 많이 차지하죠. 따라서 사람들이 블록체인을 많이 사용하면 할수록 트래픽이 증가하여 속도가 느려지는 단점이 있습니다. 실제로 비트코인 거래 중 접속자가 증가해 내역을 확인하는 데 30분 이상이 걸려서 문제가 된 적이 있었습니다. 이러한 트래픽 문제가 해결되지 않는다면 블록체인 기술이 대중화되는 데 한계로 작용할 것입니다.

둘째, 블록체인 기술이 불법거래, 비자금 조성, 탈세 등 범죄자금 은닉에 이용되는 사례가 증가하고 있습니다. 블록체인의 장점 중 하나인 강

★ 트래픽은 교통을 뜻하는 단어로 인터넷이나 모바일에서 오고가는 정보의 양을 말한다.

력한 보안성은 반대로 불법거래가 이루어졌을 때 이를 확인할 수 없다는 단점으로 작용할 수 있습니다. 은행과의 거래는 문제가 되었을 때 이를 확인하는 것이 가능하지만, 블록체인 방식은 비자금 조성이나 탈세가 이루어져도 이를 확인할 수 있는 방법이 없습니다.

셋째, 개인키를 분실하거나 실수로 공개하였을 때 해결할 수 있는 방법이 없습니다. 블록체인은 이를 관리하는 중앙기관이 있는 것이 아니라 모든 거래가 개인 간에 이루어지므로 실수에 대한 책임 역시 오롯이 사용자의 몫입니다. 문제가 발생했을 때 거래를 차단하거나 되돌릴 수 있는 방법이 없기 때문에 개인의 아이디와 비밀번호를 관리하는 것은 물론이고, 보안키를 분실하거나 노출하지 않도록 주의해야 합니다.

블록체인을 안전하게 활용하려면?

블록체인 기술을 활용한 금융 거래는 편리함과 빠른 속도, 수수료가 없다는 면에서 큰 장점을 가지고 있습니다. 그러나 그만큼 위험성도 크기에 자칫 엄청난 피해가 뒤따를 수도 있습니다. 이후에 블록체인의 이런 단점을 보완하는 기술개발이 이루어질 수도 있지만, 한편으로는 그것이 블록체인의 장점을 약화시킬 수도 있습니다. 이 때문에 단점을 보완하는 쪽으로 갈지, 지금의 장점을 지속하는 방향으로 갈지, 혹은 장점과 단점을 보완한 새로운 방식의 기술이 출현할지는 좀 더 두고 봐야 할 것입니다. 결국 현재는 블록체인 기술을 활용하는 이들 스스로가 이런 위험성을 잘 알고, 신중하게 사용하는 수밖에 없습니다.

한편, 블록체인에 대한 법 규정을 정비해서 금융 거래의 안전성을 확보해야 합니다. 이러한 안전장치가 마련되지 않으면 가상화폐에 큰돈을 투자했던 사람이 한순간에 빈털터리가 될 수도 있습니다. 증권의 경우에는 이를 방지하기 위해서 하루 동안 최대로 오르거나 내릴 수 있는 비율의 제한이 있습니다. 블록체인 기술에 의한 가상화폐도 똑같은 방식은 아닐지라도 피해를 최소화할 수 있는 보완책을 법이나 규정으로 마련해야 합니다.

P2P금융, 크라우드펀딩

어떤 일이든 기존의 틀에서 벗어나 새로운 혁신을 일으키기 위해서는 넘어야 할 수많은 장애물이 있습니다. 그중에서도 가장 중요하고 뛰어넘기 어려운 장애물은 자신의 아이디어와 모델을 실현시키고 확장시키는 데 필요한 자금이겠지요. #크라우드펀딩(crowd funding)은 이를 극복할 수 있는 새로운 대안으로 각광받고 있습니다.

크라우드펀딩은 대중을 뜻하는 크라우드(crowd)와 자금 조달을 뜻하는 펀딩(funding)을 합한 말입니다. 온라인 플랫폼을 이용해 다수의 대중으로부터 자금을 조달하는 방식을 말합니다. 쉽게 말해 투자전문회사 같은 거대 자본이 아니라 개인에게 돈을 모아 어떤 프로젝트를 진행하는 것을 말합니다. 크라우드펀딩이라는 이름은 최근에 유명해졌지만 이전에도 비슷한 형태의 투자 방식이 없던 것은 아닙니다. 많은 사람들이 조금씩 돈을 모아 특정 상품이나 서비스를 만드는 것이라면 무엇이든 크라우드펀딩이라고 할 수 있지요.

크라우드펀딩은 창의적인 아이템이 있는데 그것을 실현할 돈이 부족할 때 시도합니다. 주로 사업가, 예술인, 정치인들이 많이 이용하지요. 이들이 자신들의 아이디어를 공개적으로 프레젠테이션(발표)하면 거기에 공감하는 대중들이 자발적으로 후원이나 투자를 합니다. 돈이 충분히 모여서 사업이 성공하면 해당 프로젝트에 투자한 대중들은 상품이나 서비스, 혹은 회사의 주식 등으로 보상을 나누어 받습니다.

크라우드펀딩은 어떻게 시작되었을까?

2005년 영국의 개인 대출형 서비스인 조파닷컴(www.zopa.com)이 최초의 크라우드펀딩 서비스로 알려져 있습니다. 당시에는 'P2P펀딩, 소셜펀딩' 등 다양한 명칭으로 불리다가 2008년 미국에서 최초의 후원형 플랫폼인 인디고고(Indiegogo)가 출범하면서 크라우드펀딩이라는 용어가 일반화되었습니다. 이후로 크라우드펀딩은 점차 확대되어 2011년 기준 전 세계적으로 약 119만 건의 소셜 펀딩 프로젝트가 생겨났습니다.

우리나라에서도 2011년부터 본격적으로 크라우드펀딩이 성장하기 시작했습니다. 2012년에는 총선★과 대선에서 여러 후보들이 크라우드펀딩 방식으로 후원금을 모집하며 그 규모가 비약적으로 상승했습니다. 국내 크라우드펀딩 산업은 초창기에는 후원이나 기부 형식이 주를 이루었습니다. 하지만 이후 투자형 크라우드펀딩이 허용된 뒤로는 텀블벅

★ 총선은 국회의원 선거, 대선은 대통령 선거를 말한다.

(Tumblbug), 와디즈(Wadiz), 스토리펀딩(Storyfunding)과 같은 크라우드
펀딩 중개 업체가 활성화되면서 다양한 방식으로 이루어지고 있습니다.

영화를 만들고, 대통령을 뽑는 크라우드펀딩

크라우드펀딩은 다양한 분야에서 찾아볼 수 있습니다. 그중에서도 우리
에게 친숙한 사례는 영화입니다. 정치적으로 찬반 의견이 극명하게 갈리
는 사안이나 거대 기업이나 권력을 고발하는 내용을 다룬 영화는 기업으
로부터 투자를 받기가 어렵습니다. 영화에 투자함으로써 그 내용을 싫어
하는 사람들에게 좋지 않은 인상을 줄까 봐 기업들이 투자를 꺼리는 것
이지요. 반면에 그러한 영화 내용에 찬성하는 사람들이 있다면 그들에게
모금을 받아 영화를 만들 수도 있을 텐데요, 이러한 영화들이 제작비를
마련하기 위해 크라우드펀딩을 이용합니다. 예상 관객들에게 십시일반
돈을 모아 제작비를 마련하는 셈이지요.

제작사 측에서는 대략 5만 원 이상의 소액을 투자하는 대가로 영화
가 상영된 후 참가자들을 보여 주는 엔딩 크레딧(ending credit)에 투자자

로 이름을 올려 준다거나, 시사회 티켓이나 DVD 등을 제공하겠다는 보상을 약속합니다. 아울러 크라우드펀딩 방식으로 영화를 제작하는 경우에는 목표 모금액과 제작 과정을 언론과 SNS에 공개합니다. 이는 펀딩에 참여한 투자자들을 위한 서비스이기도 하지만, 입소문 효과로 자연스럽게 홍보가 이루어진다는 장점도 있습니다. 크라우드펀딩 방식으로 제작된 영화는 광주 항쟁에 얽힌 이야기를 다룬 〈26년〉(2018), 대형마트 노동자들의 문제를 다룬 〈카트〉(2014) 등이 있는데요, 최근에는 다양성 영화★를 중심으로 크라우드펀딩 방식이 활성화되고 있습니다.

크라우드펀딩은 정치에서도 활용됩니다. 2012년 대선에서는 박근혜 후보와 문재인 후보 간의 치열한 선거자금 모금 경쟁이 화제가 되었습니다. 현행 선거법에서는 유효득표수의 15%를 획득한 후보에게는 법적으로 상한선 이하로 사용된 선거비용을 전액 돌려줍니다. 따라서 돈이 없는 정치인은 크라우드펀딩 방식으로 돈을 모아 선거를 치른 후, 선거가 끝나고 난 뒤 국가에서 돈을 돌려받아 투자한 사람들에게 되돌려 줄 수 있습니다. 이런 방식으로 지지자들은 있지만 자금이 부족한 정치인들이 선거를 치를 수 있습니다. 다만 15% 이상 득표를 해야 하며 지지자들에게 돈을 모을 수 있어야 한다는 조건이 붙는 것이지요. 실제로 펀드를 모집했는데 돈이 모이지 않는 정치인도 있고, 15% 득표에 실패해서 선거비용을 돌려받지 못하는 후보들도 있습니다.

★ 작품성과 예술성이 뛰어난 소규모 저예산 영화를 가리키는 말로, 상업영화와 대비되는 의미로 사용된다. 독립 영화, 예술 영화, 다큐멘터리 영화 등을 아우르는 말로 쓰인다.

의미 있는 일에 함께하는 법

기부나 후원 같은 의미 있는 일들도 크라우드펀딩의 형태로 이루어질 수 있답니다. 좋은 일에 참여하고 싶은 사람들에게 기부를 받아 목표 후원액이 달성되면 프로젝트를 진행하는 것이지요. 예를 들어 형편이 어려운 어린이를 수술해 주거나, 가난한 나라에 꼭 필요한 공공시설을 지어 주는 프로젝트 등을 크라우드펀딩의 형태로 실현시킬 수 있습니다. 국내에서는 카카오(Kakao)의 스토리펀딩, 네이버(Naver)의 해피빈 등이 이처럼 의미 있는 프로젝트에 공감하는 다수의 대중으로부터 후원을 받는 기부형 크라우드펀딩의 대표적인 플랫폼입니다.

개인이나 단체 등이 소셜 네트워크를 이용하여 다수의 개인에게 일정 금액을 지원받아 어떠한 프로젝트를 추진하는 크라우드펀딩은, 기존에 규모가 큰 금융권이 외면해 왔던 다양한 대상들에게 보다 다양한 방식 (기부, 후원, 융자 등)으로 자금을 제공할 수 있는 길을 열어 주었다는 면에

📶 크라우드소싱(crowdsourcing)

크라우드소싱이란 '대중(crowd)'과 '외부 자원 활용(outsourcing)'의 합성어로, 기업이 고객과 대중에게 기업 활동의 참여를 유도하는 방법을 뜻합니다. 기업 활동 중에 대중이 참여할 수 있는 부분을 일부 개방하고, 그로 인한 수익을 참여자에게 나누어 주는 방식입니다.

이를 통해 내부에서 일하는 사람에게만 의존하지 않고 회사 밖 다양한 인재의 도움을 받을 수 있습니다. 또한 외부인은 이러한 참여를 통해 자신들에게 더 나은 제품, 서비스를 이용하게 되거나 이익을 공유합니다.

서 의미가 있습니다. 아울러 크라우드펀딩은 자금 확보 수단으로서의 의미를 넘어 같은 뜻을 가진 여러 시민들의 참여를 이끌어 내는 도구로서도 큰 의미를 지닙니다. 따라서 크라우드펀딩에 참여하는 개인은 특정 프로젝트에 힘을 보태면서 사회에 변화를 만들어 내는 프로젝트에 직접 참여하는 기회를 가지게 되는 것입니다. 그렇기 때문에 비단 경제적인 지원뿐만 아니라 자신이 제공할 수 있는 다양한 재능을 보태는 크라우드소싱을 병행하면서 투자금의 손실을 막고 프로젝트를 성공시키기 위해 함께 노력하게 되겠지요.

자본민주화의 디딤돌이거나, 사행성 플랫폼이거나

은행이나 투자회사와 같은 기존의 전통적인 금융기관은 자금의 수요자인 고객들보다는 공급자인 자신들이 훨씬 더 많은 정보와 권력을 가지고 금융 거래를 주도해 왔습니다. 이에 반해 크라우드펀딩은 개인과 개인을 직접 연결함으로써 자금의 수요자와 공급자의 격차를 조금씩 줄여 나가고 있습니다.

또한 크라우드펀딩은 사회적인 공익을 위해 쓰이는 자금이나 창의적인 아이디어를 실현하기 위한 자금을 지원하는 데 있어 그동안 전통적인 금융기관이 해결하기 어려웠던 역할까지 메워 나가고 있습니다. 이런 점에서 볼 때 사회와 산업의 다양한 영역에서 크라우드펀딩이 도입된다면 정부나 기업의 개입 없이도 뜻을 함께하는 개인들이 모여 원하는 만큼 자금을 모으는 자본민주화를 이룰 수 있을 것입니다.

그러나 반대로 크라우드펀딩은 전문적인 지식이 없는 일반인이 돈을 투자하여 대박만을 꿈꾸는 사행성 플랫폼으로 변질될 가능성도 있습니다. 막연하게 수익만을 바라고 크라우드펀딩에 투자했던 개인 투자자들이 기대한 만큼의 수익과 이자를 보상받지 못할 수도 있습니다.

따라서 투자자들은 실제로 좋은 아이디어를 실현시키는 도구로서 사회적 금융의 성격을 갖는 크라우드펀딩과 대박만을 강조하는 크라우드펀딩을 잘 구분할 수 있어야 합니다. 투자의 위험 부담을 자금을 제공하는 대중들에게 고스란히 떠넘기고, 크라우드펀딩의 본래 목적인 사회적 혁신성은 변질되어 버린 업체들도 있기 때문입니다. 크라우드펀딩을 하고자 하는 개인이나 업체는 자신들의 아이디어가 현실성이 있는지 냉철히 분석하고 실행 과정들을 투명하게 공개해야 합니다. 이와 더불어 사회적으로도 개인 투자자들을 보호하기 위한 제도와 투명한 회계시스템 등이 보완되어야 합니다.

미래 금융의 모습은 어떻게 다를까?

빅데이터와 핀테크

4차산업혁명으로 인한 기술의 발전은 핀테크에도 영향을 줍니다. 특히 빅데이터를 활용한 인공지능 기술은 자산 관리까지 인공지능 로봇에게 맡기는 시대를 앞당기고 있습니다. 지금도 각종 스마트뱅킹 어플이나 자산관리 어플을 이용하면 간단한 수준의 투자 추천이나 재무 설계를 받을 수 있습니다. 여기서 더 나아가면 인공지능이 개인의 수입, 소비, 투자 패턴을 파악하여 최적의 수익률을 내는 투자 계획을 만들어 줄 수 있을 것입니다. 인공지능이 빅데이터를 스스로 수집하고 분석하는 수준에 이르면 인간 투자분석가(애널리스트)보다 훨씬 높은 수익률을 올릴 것으로 예상됩니다.

이미 많은 은행과 투자회사들이 이러한 인공지능 개발에 엄청난 노력을 기울이고 있답니다. 미국의 유명한 금융회사인 골드만삭스(Goldman Sachs)가 이용 중인 금융분석 인공지능 프로그램 켄쇼(Kensho)는 전문 투자분석가가 40시간에 걸쳐 하는 작업을 몇 분 안에 처리할 수 있습니다. 기업의 실적과 주요 경제수치, 주가의 움직임 등 방대한 양의 금융데이터를 분석하여 고객들에게 답을 제시합니다.

빅데이터는 다른 금융 상품을 만드는 데도 활용됩니다. 예를 들면, 보험사 AIG그룹은 운전자 연령과 사고 이력뿐만 아니라 운전 지역, 습관, 운전 시간 등의 데이터를 분석하여 보험 등급과 보험료를 다르게 책정합니다. 글로벌 투자은행인 JP모건은 직원 비리에 따른 손실을 방지하기 위해 직원들의 인터넷 사용 데이터와 SNS 공개 데이터 등을 분석하는 등 내부 보안 업무에 빅데이터를 활용하고 있습니다.

사라지는 은행들

전통적인 의미의 은행과 금융회사들은 규모가 점점 작아지고 있습니다. 사람들은 점점 은행에 직접 갈 필요가 없어지고, 최근에는 스마트페이의 보급화로 현금 사용도 줄어들고 있습니다. 현금을 이용할 일이 거의 없으니 현금자동입출금기(ATM)를 이용할 일도 줄어들었지요. 또 스마트뱅킹의 범위가 확대되면서 예금이나 적금, 심지어 대출까지 은행에 가지 않고 앉은자리에서 스마트폰으로 손쉽게 처리할 수 있게 되었습니다.

이러한 변화에 직면하여 많은 은행들이 비용 감축과 구조조정을 위해 지점을 줄이는 추세입니다. 이는 전 세계적인 현상으로, 금융 개혁이 가장 빠르게 진행되고 있는 유럽에서는 2011년 이후로 2만 개가 넘는 은행 지점들이 문을 닫았습니다. 영국의 경우 1990년 이후 약 7500개 은행 지점들이 문을 닫았는데, 이는 영국 내 전체 은행 지점의 40%에 달하는 숫자라고 합니다. 우리나라도 비슷한 상황입니다. 금융감독원에 따르면, 2011년 이후로 기존 은행 지점의 8% 이상이 사라졌습니다. 또한 은행 지점에서 일하던 많은 인원이 감축되고 ATM도 줄어들고 있습니다. 이처럼 핀테크의 발전 속도가 빨라질수록 '은행(지점) 없는 은행' 시대도 빠르게 다가오고 있습니다.

지갑 속 만 원짜리는 어디로 갔을까?

핀테크의 확대로 눈에 띄게 변한 것이 있다면 현금을 사용하는 비중이 엄청나게 줄어든 것입니다. 대부분의 유럽 국가들은 화폐 발행과 사용을 계속 줄여 가는 추세입니다. 특히 스웨덴과 덴마크는 2030년까지 현금 없는 사회를 만들기 위한 정책을 정부의 주도하에 추진 중입니다. 그래서 덴마크는 아예 화폐의 직접 생산을 중단했습니다. 자국의 지폐와 동전은 필요한 만큼만 다른 나라에서 만들어 들여오고, 장기적으로는 전자화폐로 바꾸어 나가려는 계획입니다. 스웨덴의 소매점에서는 현금 결제를 거절하는 것이 합법이라고 합니다.

스웨덴 국민이 사용한 결제수단

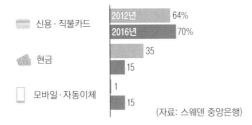

신용·직불카드   2012년 64%   2016년 70%

현금   35   15

모바일·자동이체   1   15

(자료: 스웨덴 중앙은행)

　우리나라도 최근에는 현금 사용이 신용카드 사용 비율에 비해 절반에 불과하다고 합니다. 요즘 인기를 끄는 야시장 거리나 음식 축제에 가면 현금을 받지 않고 카드 결제만 받는 곳이 많지요? 이는 거스름돈을 준비하기 어려운 점 때문이기도 하지만, 최근에는 현금을 들고 다니지 않고 소액도 카드로 결제하는 손님들이 많아져서 그렇다고 합니다.

　게다가 이제는 신용카드도 스마트페이로 대체되어 결제는 더 간편해졌는데요, 이처럼 기존 결제 방식을 보다 간편하게 바꾼 다양한 모바일 지급 결제 시스템이 실물 화폐의 필요성을 점점 떨어뜨리고 있으니 지갑이 아예 사라져 버릴 날도 얼마 남지 않은 것 같습니다.

금융이 다시 개인 간 거래로?

4차산업혁명으로 금융의 개념도 많이 바뀔 것입니다. 지급 결제와 송금, 대출과 투자, 자산운용 등 전문 금융회사들의 전유물이었던 금융 서비스가 핀테크를 통해 대중이 직접 주도하는 시대로 바뀔 가능성이 높아졌습니다. 마치 오래전 물물거래를 하던 시절처럼 개인 간의 거래가 점점 활발해지고 있습니다.

중앙기관을 거치지 않는 P2P 금융

블록체인의 경우 중앙기관이 없습니다. 전통적인 금융기관인 은행의 경우 중앙은행이 모든 정보를 통제합니다. 은행들은 개인 간 거래에서 각각의 신용을 보장하며 금융 거래를 대신 해 주는 대가로 수수료를 받습니다. 하지만 블록체인 기술은 개인과 개인이 직접 투명하게 거래하는 것을 가능하게 해 주기 때문에 거래비용이 발생하지 않거나 매우 낮아집니다. 블록체인 기술을 활용한 가상화폐가 크게 주목받았던 이유 중 하나도 바로 중앙기관이 중간에서 취해 가는 수수료가 없다는 점이었죠. 이로 인해 금리 인상 등 중앙은행이 가지던 막강한 금융 권력을 개인들에게 분산시킬 수 있게 됩니다.

대출과 같이 이전에는 은행에서만 받을 수 있던 금융 서비스도 이제는 온라인 플랫폼을 통해 개인 간의 거래로도 충분히 받을 수 있게 되었습니다. 이러한 P2P 대출은 우리나라에서는 아직 낯선 개념이지만, 해외

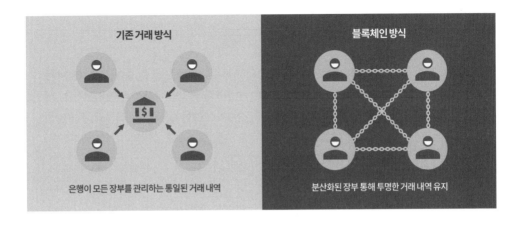

기존 거래 방식 — 은행이 모든 장부를 관리하는 통일된 거래 내역

블록체인 방식 — 분산화된 장부 통해 투명한 거래 내역 유지

에서는 빠르게 성장하고 있습니다. 미국은 P2P 대출이라는 개념이 나타난 2007년 이래로 그 규모가 몇십 배나 성장했고, 영국의 P2P 금융 시장 규모도 2010년 말에서 2014년 말까지 불과 4년 만에 20배나 성장했습니다. 중국 시장도 폭발적인 성장세를 보이고 있습니다. 미래학자 토마스 프레이(Thomas Frey)는 이러한 추세에 힘입어 오는 2020년이면 미국 대출 서비스의 약 30%를 P2P업체들이 담당할 것이라는 전망까지 내놓았습니다.

금융의 주체가 개인이 된다면 자본의 민주화가 이루어질까?

4차산업 사회로 변화하고 있는 오늘날, 기존 금융의 모습은 크게 달라지고 있습니다. 이 모든 변화의 방향은 하나의 공통점을 보이는데, 바로 금융의 주체가 개인으로 점차 바뀌어 가고 있다는 것입니다.

이전에 금융 거래는 정부와 거대 금융그룹의 주도하에 이루어졌습니

📶 P2P(peer to peer) 개인 간 대출

과거 대출의 중심은 은행이었습니다. 돈을 빌려주는 곳은 항상 은행이기 때문에 빌리는 사람은 은행이 결정한 수수료나 금리를 무조건 따라야 했지요. 하지만 P2P 대출은 개인과 개인의 관계이기 때문에 당사자끼리 협의한다면 원하는 금리에 돈을 빌리거나, 빌려줄 수도 있습니다. 각각의 사정에 맞추어 더 유연하게 대처할 수 있게 된 것입니다.

미국에서는 P2P 업체들이 온라인을 기반으로 빠르게 성장을 거듭하며 기존 은행의 대출 사업을 잠식하고 있습니다. 선발업체인 렌딩클럽(Lending Club)은 홈페이지에서 대출 신청서를 작성한 개인들 가운데 대출 가능자를 선발하고 이들을 다시 여러 단계의 신용등급으로 분류하여 온라인에 올려놓습니다. 개인 투자자들은 대출 신청자 명단을 보고 자신들이 원하는 사람에게 투자를 하고 신용등급에 따른 금액을 수수료로 받는다고 합니다.

다. 금융 거래를 위해서는 서로에 대한 높은 신뢰와 충분한 자금, 그것을 보증할 수 있는 커다란 규모의 기관이 필요했기 때문이지요. 그러나 오늘날에는 핀테크 기술의 발전으로 이러한 필요를 개인 간의 거래에서도 충족할 수 있게 되었습니다. 신뢰와 보안의 문제는 공유와 공개를 바탕으로 하는 블록체인의 새로운 알고리즘으로 해결하고, 크라우드펀딩을 통해 개개인의 소규모 자본을 모아 커다란 자본을 형성할 수 있습니다. 수많은 양의 데이터를 분석하고 투자를 분석, 설계할 수 있는 전문가 집단도 인공지능이 대신할 수 있습니다. 암호화폐와 스마트페이가 널리 보급될수록 화폐를 발행할 수 있는 권한을 가진 각국 정부가 경제에 개입하는 정도도 약화될 수 있을 것입니다.

곰곰이 생각하기

■ 앞에서 소개되지 않은 핀테크의 종류에는 무엇이 있을까요? 더 조사해 보고 발표해 봅시다.

_____

_____

_____

_____

_____

_____

_____

■ 미래사회에서 블록체인 기술이 가상화폐 외에 가장 활발하게 이용되는 곳은 어디일까요? 왜 그렇게 생각하는지 이유를 설명해 봅시다.

_____

_____

_____

_____

_____

_____

_____

■ 크라우드펀딩 사이트에 직접 들어가 보고 내가 크라우드펀딩을 통해 투자 받을 수 있는 아이디어는 무엇이 있을지 생각해 봅시다.

■ 핀테크 기술로 개인 간 금융 거래가 더욱 활발해진다면, 그로 인한 장점과 단점에는 무엇이 있을까요?

Chapter

07

디지털크라시로 인해
국회의원은 사라질까?

대의민주주의   # 디지털크라시
직접민주주의   # 온라인투표

4차산업혁명 시대의 기술은 우리 정치와 선거제도에 어떤 영향을 줄까요? 언뜻 정치와 기술은 별 관련이 없어 보입니다. 그러나 기술의 진보는 정치 문화도 바꾸고 있습니다.

세계에서 전자투표를 제일 먼저 도입한 나라는 어디일까요? 그곳은 바로 북유럽 발트해 지역에 위치한 나라, 에스토니아(Estonia)입니다. 에스토니아는 2005년 지방선거에서 전자투표를 도입했습니다. 이어 2011년에는 휴대전화로 투표할 수 있도록 했으며, 2014년에는 디지털 주민등록증도 만들었습니다. 그럼 우리나라의 사정은 어떨까요? 사실 우리나라가 기술이 부족해서 전자투표를 시행하지 못한 것은 아닙니다. 전자

여러 지자체들은 다양한 민심을 반영하기 위해
모바일 투표 어플리케이션을 개발하기도 합니다.

투표는 편리한 반면 본인 확인이 어렵고 해킹 등으로 결과를 쉽게 뒤집을 수 있다는 위험 요소가 있기 때문에 도입에 신중했던 것이지요.

그렇다면 4차산업혁명으로 인한 새로운 기술발달은 이런 문제를 해결할 수 있을까요? 2018년 세종시는 민선3기★ 시정의 핵심으로 '시민투표 세종의 뜻'을 도입한다고 발표했습니다. 그리고 모바일 투표를 위해서 어플리케이션을 만들어 도입했습니다. '길거리 쓰레기통 설치 건', '복합 커뮤니티센터의 이름 변경 건' 등 시정의 다양한 문제를 모바일 투표 결과를 참고하여 결정했습니다. 아직은 참여율이 부족하지만 세종시뿐만 아니라 여수나 다른 지자체들도 모바일 투표를 위해 어플리케이션을 개발하는 등 다양한 노력을 지속하고 있습니다. 서울시는 2019년까지 블록체인 기술을 활용한 전자투표 시스템을 구축하여 중요한 문제를 결정할 때 이를 활용하겠다고 하기도 했습니다.

직접민주주의 vs 대의민주주의

여러분은 '정치인' 하면 어떤 생각이 떠오르시나요? 많은 사람들이 정치인에 대해서 긍정적인 인상보다는 부정적인 인상을 많이 가지더군요. 참 안타까운 일입니다. 심지어 일부 사람들은 정치에 대한 불신으로 투표조

★ 공동체의 구성원이 투표로 선출한 사람이 통치하는 형태를 '민선(民選)'이라고 한다. 우리나라의 경우 대통령과 국회의원, 지방자치단체장인 시장, 구청장, 군수, 도지사, 교육감 등이 민선 선출직에 속한다. 민선이 시작된 후 첫 선출된 기수를 민선1기, 그 후는 2기, 3기 식으로 쓴다.

차 하지 않으니까요. 그런데 사실, 국민의 무관심이 정치를 가장 부패하게 만들 수 있습니다. 우리의 권리를 정치인에게 위임하여 나라의 살림을 맡기는 것이니 부정적인 생각이 들수록 더 많은 관심을 가지고 지켜봐야 합니다. 그리고 꼭 선거에 참여해서 조금이나마 더 나은 사람을 뽑아야 합니다.

대표자를 선출하고 의사 결정의 권한을 위임하는 대의민주주의

현재 우리는 #대의민주주의 시대를 살고 있습니다. 대의민주주의는 어떤 정책이 있을 때 대표자를 선출하여 그 사람들이 국민을 대신해 정책을 결정하는 제도를 말합니다. 그 대표자가 바로 국회의원이지요. 현재 우리나라에는 지역을 대표하는 의원과 정당 내에서 순서를 정해 정당투표율

로 선출되는 비례대표 의원, 두 종류의 국회의원이 있습니다. 이 국회의원들이 국민을 대신하여 정부를 견제하고, 투표로 법률에 대한 승인과 거부를 하고 예산을 통과시키는 역할을 합니다. 이처럼 국민의 권리를 국회의원을 통해 간접적으로 행사한다고 하여 대의민주주의를 간접민주주의라고도 합니다.

대의민주주의는 전문적인 의견을 가진 대표자들이 진지하고 깊이 있는 토론을 통해 의사 결정을 하기 때문에, 신중한 검토를 거치면서도 절차가 간결하다는 장점이 있습니다. 그 대신 각 개인의 의견 차이를 일일이 반영할 수 없고, 대표자에게 대부분의 결정권을 위임하기에 대표자의 공정성이나 적합성을 신뢰할 수 없을 때는 문제가 생길 수 있습니다.

모든 개인이 직접 투표로 의사 결정을 하는 직접민주주의

대의민주주의에 반대되는 말은 #직접민주주의입니다. 개별 정책에 대해서 국민들이 중간 매개자를 거치지 않고 직접 투표해서 결정하는 것이지요. 우리나라도 대통령을 선출하거나 헌법을 고쳐야 하는 경우에는 국민투표제도를 도입하고 있습니다. 그래서 우리나라는 직접민주주의를 일부 포함한 대의민주주의 체제라고 할 수 있습니다.

직접민주주의는 의사 결정에 영향을 받는 구성원들이 직접 목소리를 내고, 평등하게 권리를 행사할 수 있다는 장점이 있습니다. 반면, 모든 개인이 스스로의 이익만을 내세워 집단이기주의가 심해지거나, 겉보기에만 그럴싸하고 공익에 크게 도움이 되지 않는 인기에 영합하는 정책들만 힘을 얻을 우려가 있습니다.

스위스 하면 많은 사람들이 알프스의 멋진 풍경, 장인의 손길이 깃든 시계, 고객의 계좌나 신분에 대해 비밀주의 원칙을 고수하는 은행 등을 떠올립니다. 그런데 스위스의 또 다른 특별한 점 중 하나는 바로 직접민주주의를 실천하고 있다는 것입니다. 물론 완전한 직접민주주의는 아니지만 국민에게 상당한 권한을 위임하여 다른 국가들에 비해 직접민주주의에 가까운 제도를 실천하고 있습니다.

스위스는 1년에 4번, 즉 3개월마다 국민투표를 실시해서 국가 내에서 논란이 되는 사안들을 투표로 결정합니다. 스위스에도 국회의원들은 있습니다. 그러나 스위스는 모든 시민들이 국민투표를 건의할 수 있으며, 시민 10만 명이 서명하면 직접 국민발의를 통해서 법을 입안할 수도 있습니다. 스위스는 지방행정에서도 주민총회를 거쳐서 대부분의 사안들을 결정합니다. 이를 위해서 주민들이 광장에 모여 토론을 자주 하지요. 또한 스위스는 국정 정보나 행정 정보의 많은 부분을 국민들에게 공개하기 때문에 사회 전체적으로 투명하고 청렴한 문화가 형성되어 있습니다.

스위스 사람들은 자신들의 정치문화에 대한 자부심이 매우 큽니다. 해외에서도 이런 정치문화를 배우려 노력하며, 미래의 정치 모델로 스위스의 직접민주주의를 말하기도 합니다. 우리나라의 경우는 어떨까요?

디지털크라시란?

#디지털크라시(digitalcracy)는 디지털(digital)과 민주주의(democracy)가 합쳐져 만들어진 말입니다. '디지털 민주주의'라고도 말하는데 디지털 기술들을 활용하여 직접민주주의를 확산시키는 것을 의미합니다. 블록체인 기술을 활용하여 전자투표나 온라인 투표가 확산된다면, 국민에게 직접 의견을 묻는 직접민주주의가 확대될 수 있겠지요. 그래서 전문가들은 기술이 발달할수록 디지털크라시가 실현될 가능성이 높다고 이야기합니다. 실제로 4차산업 사회로 변화하고 있는 오늘날, 세계 곳곳에서 디지털크라시를 실천하는 국가와 정당들이 늘어나고 있습니다.

기술의 진보와 디지털크라시

기술의 진보로 디지털크라시는 점점 현실화되고 있습니다. SNS(social network services)의 발달은 정치인과 국민들의 소통을 증가시킵니다. 대통령을 비롯하여 많은 정치인들이 국민과의 벽을 허물고 직접 소통하기 위해 SNS 세상으로 나서고 있습니다. 요즘에는 대부분의 정치인들이 트위터, 페이스북 등의 SNS를 개설하고 이를 통해 화제가 되고 있는 사회적 이슈에 대하여 견해를 밝히거나, 자신의 치적을 광고하기도 합니다. 또 시민들은 그곳에서 자신의 생각을 정치인에게 표현하기도 하고요.

한편, 블록체인 기술은 전자투표와 #온라인투표의 부작용을 보완할 수 있습니다. 해킹 문제는 전자투표의 큰 걸림돌이었습니다. 전자투표에

> 여러 국회의원들은 국민들과 더욱 적극적으로 소통하기 위해 SNS를
> 활발하게 이용합니다. SNS가 물리적인 한계나 심리적인 거리감을
> 뛰어넘어 좀 더 편하게 소통할 수 있는 새로운 수단이 된 것이죠.

서 투표하는 사람의 신원을 거짓으로 위조하거나 투표 결과를 아예 뒤집
어 버리는 해킹 기술이 악용된다면 큰일이겠죠. 블록체인은 시간대별로
전자투표 결과를 분산 저장하여 이러한 해킹이 불가능하게 만들 수 있습
니다. 개인의 신원확인은 블록체인의 기본적인 기능이고요. 결국 블록체
인 기술이 발달하면 현재 전자투표의 문제점을 극복하고 전자투표나 온
라인투표의 도입을 앞당길 수 있을 것입니다.

디지털크라시의 사례

디지털크라시를 어느 정도 현실에 적용시킨 사례도 있습니다.

2010년 아이슬란드는 일반 시민들이 참여할 수 있는 '오픈 크라우드

(open crowd)' 방식을 통해 헌법 개정을 시도했습니다. 인터넷 사이트를 통해 모든 국민들에게 정책을 공개하고 이에 대하여 사람들이 자유롭게 의견을 올릴 수 있도록 하는 방식을 취했지요.

2011년 지진 피해를 겪은 뉴질랜드의 크라이스트처치★는 '마그네틱 사우스(Magnetic South)'라는 어플리케이션을 개발하여 시민들에게 도시 재건에 대한 아이디어를 구했습니다. 이때 9000개가 넘는 아이디어가

📶 오성운동의 디지털크라시

오성운동은 이탈리아에서 2009년 시작된 정당입니다. 코미디언 출신인 베페 그릴로와 인터넷 기업가였던 잔로베르토 카살레조가 공동으로 창설했는데요, 이들은 정치 기득권의 부패 척결, 인터넷을 통한 직접 민주주의 구현을 기치로 내걸었습니다.

오성운동의 독특한 점은 인터넷과 소셜네트워크서비스(SNS)를 이용한 직접 민주주의를 실제로 시도했다는 것입니다. 그 중심에는 자체적으로 개발한 온라인 플랫폼 '루소(Rousseau)'가 있었지요. 당원들은 이 플랫폼을 통해 당 정책에 대해 의견을 내거나 후보 결정에 참여할 수 있고, 나아가 오성운동당 의원들이 발의할 법안에 대해서도 의견을 주고받을 수 있습니다.

이러한 오성운동의 적극적인 디지털크라시 도입은 특히 젊은 층에게 크게 인기를 얻었고, 2018년에는 창당 9년 만에 이탈리아 최대 정당이 되는 기염을 토했습니다.

★ 뉴질랜드의 남섬 동쪽에 있는 캔터버리 지방의 도시. 인구 38만 정도로 뉴질랜드에서 두 번째로 큰 도시다.

모여 시민이 참여하는 도시 재건 사업을 추진한 바 있습니다.

2009년 창단된 이탈리아의 오성운동(Movimento 5 Stelle)과 2014년 창단된 스페인의 포데모스(Podemos, 우린 할 수 있다)는 디지털크라시를 표방한 신생 정당입니다. 이들은 짧은 역사를 지녔음에도 불구하고 한때 국민들에게 뜨거운 인기를 얻었으며, 의회에 진출하여 계속해서 활발한 정치 활동을 하고 있습니다.

온라인투표는 디지털크라시를 앞당길까?

최근 우리나라 정당들은 대표를 선출하는 데 온라인투표 방식을 활용하고 있습니다. 온라인투표 방식은 두 가지의 커다란 장점이 있습니다. 첫째, 돈이 거의 들지 않습니다. 온라인투표는 투표 장소까지 이동하지 않고 바로 투표하기 때문에 투표 장소를 마련하거나 투표용지를 만들 필요가 없습니다. 또 투표용지를 확인하고 투표 결과를 검사하는 개표와 검표를 위한 인원도 필요하지 않습니다. 둘째, 투표가 끝나자마자 바로 그 결과를 알 수 있습니다. 전자투표는 투표를 하는 도중에 실시간으로 투표수를 집계할 수 있기 때문에 결과를 확인하는 시간도 매우 짧아지는 것이죠.

이처럼 투표하는 시간도 짧아지고 비용도 거의 들지 않는다면 가능한 한 자주 투표로 국민의 의견을 물어보는 것이 좋겠지요? 지금까지 투표를 자주 실시하지 못했던 가장 큰 이유가 비용의 문제였다면 앞으로 논란이 있는 정책에 대해서는 국민 모두가 온라인투표로 직접 의사표현을 하는 것도 가능해지지 않을까요?

📶 선관위가 보장하는 온라인 투표 시스템 K-voting

중앙선거관리위원회에서는 학교, 공동주택, 기업 등에서 대표자를 선출하거나 안건 투표에 활용할 수 있는 온라인 투표 시스템을 제공하고 있습니다. 2013년에 도입된 중앙선관위의 온라인 투표 시스템(K-voting)은 그동안 총 3500회 이상 이용되었고, 누적 이용자 수도 440만 명에 달한다고 합니다.

투표 관리자가 선관위 사이트를 통해 이용 신청을 하면, 본인 인증 절차를 거친 선거인들은 시간과 장소에 제약 없이 스마트폰이나 인터넷으로 투표에 참여할 수 있고 그 결과도 바로 알 수 있습니다. 또한 투표의 모든 과정에 대하여 기술적인 안전성과 신뢰성을 선관위에서 보장해 줍니다.

지난 2017년에는 바른정당 대선후보 경선과 자유한국당, 국민의당 당 대표 경선 등에도 선관위의 온라인 투표가 활용되었는데요, 이처럼 온라인투표 시스템의 활용 영역은 정당의 경선이나 대학교의 총장 선거와 같이 점차 더 공공성이 높은 영역으로 확장되고 있습니다. 선관위에서도 이러한 흐름에 맞추어 블록체인을 적용한 더 높은 수준의 새로운 보안 기술을 개발 중이라고 합니다.

국회의원이 사라지는 디지털크라시의 시대가 올까?

직접민주주의에 대한 시민들의 열망이 디지털크라시로 이어지면서 국회 의원의 역할이 바뀌거나 사라질 수도 있다는 목소리가 들려오기도 합니다. 심지어 일부에서는 대형정당 체제 자체가 사라질 것이라고 주장합니다. 여러분은 어떻게 생각하시나요? 국회의원이나 정당이 존재하지 않는 시대가 정말 올까요?

디지털크라시는 오지 않을 수도 있다

한편에서는 디지털크라시의 시대가 오지 않을 거라고 주장하기도 합니다. 그들이 내세우는 근거는 다음과 같습니다.

첫째, 현재 정치의 틀을 만드는 사람이 바로 정치인이기 때문입니다. 선거에 관련된 모든 규정을 만드는 것은 바로 정치인입니다. 그들이 자신에게 불리한 법안을 만들지 않을 것이라는 생각이지요. 디지털크라시로 인해 직접민주주의가 강해지면 국회의원의 힘은 약화될 수밖에 없다는 것을 누구보다 국회의원 스스로 잘 알고 있을 것입니다. 따라서 이들이 자신의 힘을 약화시키는 디지털크라시를 채택하거나 지지할 리가 없다는 것입니다.

둘째, 모든 정책에 직접민주주의를 적용시켜 국민 투표로 결정하기에는 현실적으로 걸림돌이 너무 많기 때문입니다. 국회 의안정보시스템

194

(http://likms.assembly.go.kr)에 의하면 2017년 한 해 동안 의원들이 처리한 법안은 1931건이었습니다. 계산해 보면 하루 평균 5.3건의 법안이 처리되는 셈입니다. 기술의 발전으로 투표가 쉽게 이루어지더라도 하루에 평균 5건의 법안에 대해 매일 투표하기란 쉽지 않을 것입니다.

또한 법안을 만들기 위해서는 충분한 논의가 필요합니다. 법안 하나를 만들기 위해서는 다음과 같은 단계를 밟습니다. 먼저, 의원 10명 이상의 서명을 받아 법안을 발의합니다. 이후에는 소관 상임위원회에서 이 법안에 대하여 부작용은 없는지, 서로 이견은 없는지 논의합니다. 이때 법안이 많이 수정되기도 하지요. 그다음으로는 법사위에서 법적으로 문제가 없는지를 논의합니다. 모든 부분에서 문제가 없다는 판단이 내려지면 본회의에 상정해서 최종적으로 법안이 만들어집니다.

하나의 법안이 통과되기 위해서는 법안 내용에 대한 충분한 이해와 많은 논의가 필요합니다. 그러나 모든 국민이 모든 정책에 대해서 관심을 가지고 이해하기는 쉽지 않습니다. 수많은 토론의 결과를 지켜보는 것도 쉽지 않고요. 이러한 점이 직접민주주의를 어렵게 만드는 요소일 것입니다.

셋째, 국회의원의 역할은 매우 다양해서 직접민주주의로 그 역할을 모두 대체하기 어렵습니다. 헌법에서 명시하고 있는 국회의원의 권한을 정리하면 다음과 같습니다.

국회의원의 권한

입법권: 법률의 제정과 개정, 헌법개정의 권한, 조약체결·비준 동의권 등
재정권: 예산심의 확정, 국채모집 동의, 결산심사 등
일반국정: 국무총리 임명 동의, 정부의 감시와 비판, 국무위원 탄핵소추 등

이처럼 국회의원의 역할은 입법에 관련된 것만 있지 않습니다. 나라 살림의 예산을 확정하고 결산을 심사하는 일, 정부의 활동을 감시하고 비판하는 일 등은 모두 매우 전문적인 지식을 필요로 하는 활동입니다. 따라서 아무리 직접민주주의 방식이 손쉽게 구현되더라도 재정이나 일반 국정에 관련된 문제까지 직접투표로 해결하기에는 어려움이 따를 것입니다. 이 때문에 국회의원의 존재는 사라지기 힘들 것입니다.

사람들에게는 자신의 의견을 정책에 직접 반영하고 싶은 열망이 있습니다. 하지만 그렇더라도 그 분야는 자신이 관심을 가지는 영역에 한정되어 있습니다. 수많은 정책을 모두 직접민주주의로 실현하는 것은 국민들에게도 부담스러운 일이지요. 따라서 직접민주주의가 먼 미래에도 완벽하게 실현될 수는 없다고 보는 것입니다.

디지털크라시는 거스를 수 없는 시대적 추세다

반면에 디지털크라시는 거스를 수 없는 시대적 추세라는 주장도 있습니다. 이는 좀 더 세부적으로 두 가지 의견으로 나뉘는데, 하나는 국회의원과 정당이 모두 사라진다는 주장이고, 다른 하나는 국회의원은 존재하되 거대 정당만 사라진다는 주장입니다. 후자의 경우에는 국회의원과 싱크탱크의 역할을 하는 정당은 미래에도 필요하다는 입장인데요, 정책을 논의하고 토론하면서 정책을 개발하는 전문적인 역할은 일반 국민들이 하기 어렵다는 이유 때문입니다. 따라서 정당이 없어지진 않겠지만, 미래에는 지금처럼 이념을 가지고 대립하는 정당은 국민의 선택을 받지 못하고, 결국 개별 정책을 개발하는 싱크탱크 역할로서만 기능할 것이라 이야기합니다.

그럼 디지털크라시가 올 것이라고 주장하는 사람들이 내세우는 근거를 들어볼까요?

첫째, 정치에 대한 불신이 디지털크라시를 앞당긴다는 의견입니다. 2017년 통계청에서 조사한 기관별 국민신뢰도를 보면 국회는 4점 만점에서 1.8점을 받았습니다. 100점 만점으로 환산하면 50점이 안 되는 점수죠. 다른 기관들에 비해서 유독 국회만 2점이 채 안 되는 점수를 받았습니다. 국회가 신뢰받지 못한다는 것은 바로 그곳에서 일하는 국회의원들에 대한 신뢰가 낮다는 것을 의미합니다. 이런 낮은 신뢰가 국회의원 무용론으로 나타날 수 있다는 것이지요.

둘째, 선거 결과는 결국 국민의 선택에 달려 있다는 점입니다. 위에서 언급한 것처럼 이탈리아의 오성운동이나 스페인의 포데모스 정당은 디지털크라시를 표방하면서 많은 지지를 얻었습니다. 이와 같이 정치에 관심

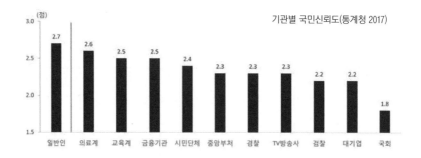

기관별 국민신뢰도(통계청 2017)

을 가지는 많은 국민들은 디지털크라시를 확대하는 정당에 점점 더 표를 몰아줄 가능성이 크다는 것이죠. 이런 현상이 결국 기존의 정당들이 디지털크라시를 받아들일 수밖에 없는 환경을 만들고, 이로 인해 디지털크라시가 자연스럽게 이루어지게 된다는 것입니다.

셋째, 전 세계적으로 인구가 감소 추세라는 점입니다. 사람이 줄어들수록 대리인의 역할은 줄어들 수 있습니다. 대리인을 내세우기보다 직접 정치에 참여할 수 있는 환경이 만들어지기 쉽기 때문입니다. 현재 디지털크라시를 실험하고 있는 나라들도 아이슬란드처럼 인구수가 적은 나라들 위주입니다. 물론 중국이나 인도처럼 인구가 많은 나라는 한계가 있겠지만 국토가 작거나 인구가 적은 나라들의 지속적인 인구 감소는 디지털크라시를 앞당길 수 있습니다.

🛜 인공지능이 정치인을 대신할까?

미래에 정치인이 인공지능을 대신할 수 있을까요? 실제로 인공지능 로봇이 정치에 참여한 사례가 있습니다. 2017년 11월 뉴질랜드에서 세계 최초의 인공지능 정치 로봇 샘(SAM)이 공개되었습니다. 샘은 페이스북으로 사람들과 정치 사안들에 대하여 논의하고, 질문에 대한 상담도 해 주고 있습니다. 샘은 어떤 사안에 대해서 정확한 기억력을 바탕으로 자세한 분석을 제공하고, 뇌물이나 부당한 압력에 휘둘리지 않고 선입견 없이 객관적인 판단을 해 줍니다. 그래서 상당히 인기도 높습니다. 샘의 목표는 뉴질랜드 국회에 진출해 총리가 되는 것이라고 합니다. 만약 정말 샘이 총선에 출마해서 당선되는 세상이 온다면 인간 정치인은 엄청난 위협을 느끼게 되겠지요.

4차산업혁명 시대 정치와 우리 자세

사실 디지털크라시가 이루어질지 그렇지 않을지는 정말 중요한 논점은 아닐 수도 있습니다. 그것은 어떤 결과를 낳기 위한 과정이며 방법일 뿐이지 그것 자체가 본질은 아니기 때문이죠. 본질은 국민 모두가 평등하고, 공평하며, 행복하게 살 수 있는 환경을 만들어 주는 것입니다. 정치는 그것을 이루는 과정입니다. 그렇기 때문에 4차산업혁명 시대의 정치를 대비하는 데에는 기술적인 부분보다 우리의 태도가 더 중요합니다.

무엇보다 중요한 것은 정치를 무시하지 않는 태도입니다. 정치는 국가의 틀을 만드는 것입니다. 스포츠에서 규칙이 매우 중요하죠? 규칙이 조금만 바뀌어도 승부의 향방이 완전히 뒤바뀌는 사례도 많습니다. 정치는 바로 국가의 규칙을 만드는 것입니다. 국민이 정치에 관심을 갖지 않으면 그만큼 국민이 원하지 않는 규칙이 만들어질 수 있습니다. 우리 삶도 정치에 따라 바뀔 수 있다는 것입니다.

특히 정치는 엄청난 규모의 국가 예산을 좌우할 수 있는 힘이 있습니다. 현대사회에서 돈은 곧 권력이라고 할 수 있습니다. 따라서 어떤 사람이 뽑히느냐가 국가의 엄청난 예산을 좌우할 수 있다는 것을 알아야 합니다. 투표도 신중하게 해야 합니다. 한 표라고 우습게 볼 게 아니라 한 표도 소중하게 여기고 포기하지 않아야 합니다. 사람의 됨됨이와 그 사람의 정책을 꼼꼼하게 살펴야 합니다. 경마식 저널리즘★을 추구하는 언론에 현혹되지 말고, 정책이 현실에서 가능한지 그리고 그 정책이 사회에 어떤 영향을 줄지에 대해서 비판적으로 접근해야 합니다. 그럴 때 우리 정치가 정말 바뀔 수 있는 것이죠.

정치는 하루아침에 변하지 않습니다. 많은 사람들이 정치에 실망하는 이유는 한두 번의 투표로 인해서 정치가 한순간에 변할 것을 기대하기 때문입니다. 정치에도 사회 안에서 오랫동안 뿌리내려 온 문화가 있습니다. 몇몇 사람이 바뀐다고 오래된 사회의 문화가 순식간에 변하기는 어

★ 경마에서 누가 1, 2, 3등을 할 것인지 중계하는 것처럼 선거에서 여론조사 결과 순위 위주로 보도하는 언론의 모습을 말한다.

렵습니다. 새로운 사람들이 새로운 문화를 만드는 데에는 시간이 걸립니다. 따라서 조급해하기보다는 조금씩이라도 변화가 지속될 수 있도록 지지해 주고 응원하며, 때론 감시하고 비판하는 태도가 중요합니다. 그런 기다림과 감시와 응원들이 우리 정치를 바꾸는 효과적인 방법이 될 수 있습니다. 또한 정치인들은 모두 똑같다면서 투표를 포기하는 것이 아니라, 분명한 차이를 파악하기 위해 노력하고, 기대에 미치지 못하더라도 최대한 더 나은 차선을 택하는 지혜가 필요할 것입니다.

진정한 디지털크러시는 정치적 성숙에서부터

4차산업혁명 시대 기술이 발전해서 우리가 원하는 디지털크라시가 제대로 이루어지려면 먼저 국민의 정치적 성숙이 필요합니다. 국민의 정치적 성숙이 뒷받침되지 않는 디지털크라시는 지금보다 더 위험하고 비효율적인 구조가 될 수 있습니다. 디지털크라시는 국회의원과 국회의 역할을 국민에게 나눠 주는 것입니다. 권한을 가지는 집단이 성숙하지 못하면 더 큰 문제가 생길 위험이 있습니다. 따라서 올바른 디지털크라시를 위한 가장 큰 선결과제는 국민들의 정치적인 성숙이라고 할 수 있습니다.

결국 그 나라의 정치는 국민의 수준이라는 말이 있습니다. 정치를 욕하기만 하는 태도는 결국 국민을 욕하는 것이고, 스스로를 욕하는 것입니다. 단순히 부정적인 감정만 드러내는 것은 정치를 변화시키지 못합니다. 정치를 바꾸는 것은 국민 한 사람 한 사람이 행사하는 한 표, 그리고 꾸준한 감시와 지지입니다. 여러분들이 우리 정치를 바꾸는 주체가 되기를 바랍니다.

■ 대의민주주의에 반대되는 말로 스위스처럼 모든 정책을 국민이 직접 투표
로 결정하는 제도는 무엇인가요? 이 제도에 대해 더 자세히 조사하여 발표
해 봅시다.

■ 기술의 발전으로 전 국민의 온라인 투표가 가능해진다면 기존의 투표 방식
에 비해서 가지는 장점은 무엇일까요?

■ 디지털크라시가 가능하다는 주장과 불가능하다는 주장의 근거를 들어 말해 보고 어떤 의견에 동의하는지 발표해 봅시다.

■ 현재 우리나라에서 디지털크라시를 표방한 신생 정당이 출현한다면 여러분은 그 정당을 지지할 생각이 있나요? 그렇다면 그 이유는 무엇인가요?

Chapter

08

생명연장기술의 발전은 인류의 삶을 풍요롭게 할까?

여는 이야기

인간 수명 500세 시대가 온다고?

인류의 역사를 돌아보면 스스로 생각할 줄 아는 인간은 도구를 개발하고 기술을 발전시켜 여러 가지 한계를 극복해 왔습니다. 그러나 '죽음'은 결코 넘어설 수 없는 한계로 여전히 남아 있고, 오래 살고픈 욕망은 늘 사람들의 마음 한편에 존재하고 있지요. 최초로 중국 대륙을 통일한 진나라 시황제 역시 영생을 향한 욕망으로 불로초(不老草, 먹으면 늙지 않고 영생을 누릴 수 있게 해 준다는 풀)를 찾았던 것으로 유명합니다. 또 기원전 4세기에 그리스·페르시아·인도에 이르는 대제국을 건설한 알렉산더 대왕 역시 젊음을 되찾아 준다는 샘물을 찾기 위해 원정대까지 파견했다고 합니다. 하지만 막강한 권력을 지녔던 그들도 죽음을 넘어설 수는 없었지요. 이처럼 죽음은 그 어떤 부와 권력, 힘을 지닌 사람도 넘어설 수 없는 것, 모든 인간에게 공평하게 주어지는 것으로 인식되어 왔는데요, 어쩌면 미래 사회에는 이러한 믿음이 깨질 수도 있을 것 같습니다.

예전 여러분의 할아버지 할머니 세대에는 만으로 60세가 되는 생일이면 건강하게 오래 사셨다는 의미로 주변 사람들이 크게 축하를 해 주는 환갑잔치를 많이 했습니다. 하지만 #고령화 사회★로 접어든 오늘날에는 60세를 넘기는 것이 그리 큰일이 아니지요. 우리나라는 이미 지난해

★ 고령화 사회(aging society)는 65세 이상 인구가 전체 인구의 7% 이상을 차지하는 사회를 말한다. 65세 이상 인구가 전체 인구의 14% 이상을 차지하는 사회는 고령 사회(aged society), 20% 이상을 차지하는 사회는 후기 고령 사회(post-aged society) 또는 초고령 사회라고 한다.

(2017년) 총인구에서 차지하는 65세 이상 인구가 13.8%로 고령화 사회에 접어들었고 머지않아 초고령화 사회를 맞을 것으로 예상됩니다. 2017년에 출생한 한국인의 #기대수명(평균수명)★은 82.7세로, 남자는 79.7세, 여자는 85.7세였습니다. 그런데 1970년에 우리나라의 기대수명은 62.27세였습니다. 50년이 채 지나지 않은 기간에 기대수명이 20년 이상 증가한 것이니 매우 빠르게 증가하고 있는 것입니다.

그렇다면 인간의 수명은 과연 몇 세까지 연장될 수 있을까요? 최근에는 미래에 인간 수명 500세 시대를 맞이할 수 있을 것이라고 주장한 사람들이 있습니다. 어떻게 보면 허무맹랑한 이야기처럼 들리죠? 그러나 이 주장을 세계 최고의 혁신 기업으로 꼽히는 구글에서 했다고 하면 어떨까요? 구글은 2013년 바이오 기업 칼리코(Calico, California Life Company)를 만든 후 글로벌 제약회사인 애브비(AbbVie)와 손을 잡고 '수명 연장'을 목표로 현재 많은 연구를 진행하고 있습니다. 칼리코가 제일 큰 관심을 가지고 연구를 진행하는 부분은 노화의 근본 원인을 찾는 것인데요, 이를 위해 칼리코의 과학자들은 다른 쥐보다 10배 이상의 수명을 사는 벌거숭이두더지쥐를 이용하여 장수의 원인을 찾고 있습니다. 벌거숭이두더지쥐의 혈액이나 분비물을 분석해 구체적으로 어떤 물질이 수명과 관련되는지 살피고, 구글의 인공지능

★ 기대수명(life expectancy at birth, 평균수명)은 출생자가 출생 직후부터 생존할 것으로 기대되는 평균생존연수를 말한다. 평균생존연수이므로 자살이나 교통사고로 인한 생존기간은 포함되지 않는다. 기대수명이 시기에 따라 다른 것은 영양 상태, 의료기술, 건강관리 등에서 차이를 보이기 때문이다.

기술을 활용해 유전자를 해독하는 프로젝트를 진행 중입니다. 또 빵이나 술을 빚을 때 들어가는 발효 세균인 효모를 연구해서 오래된 세포와 새로 나온 세포 간에 어떠한 유전자 차이가 존재하는지 등도 추적하고 있습니다.

벌거숭이두더지쥐는 아프리카 동부 지역에 사는 설치류(쥐류) 동물로 몸길이가 8cm 정도이고 이름처럼 털이 거의 없습니다. 수명은 30년 내외인데 이는 일반 설치류의 10배가량에 해당하는 기간으로, 사람으로 치면 800세 이상 사는 것과 같다고 합니다. 또한 이 쥐는 암에 걸리지 않고 통증을 잘 느끼지 않으며, 인간의 유전자와 85% 일치한다고 합니다.

물론, 칼리코의 이러한 행보에 의심의 눈초리를 보내는 이들도 많습니다. 실제로 설립한 지 5년이 지났지만 칼리코는 아직 공식적으로 연구 결과를 발표한 적이 없고 언론 취재도 거부하고 있습니다. 위의 동향들은 칼리코에 참여한 과학자들이 학회 등에서 밝힌 연구 내용을 토대로 전해진 것이지요. 앞으로 시간을 두고 연구 결과를 지켜봐야겠지요. 어찌되었든, 100세 시대라는 말이 등장해서 새롭게 다가왔던 때가 엊그제 같은데 이제 500세 시대를 목표로 연구를 진행하는 곳이 있다니 정말 놀라운 일이 아닐 수 없습니다. 과연 4차산업혁명 시대에 인간은 '생명의 시간'이라는 한계까지도 새롭게 설정할 수 있을까요?

인간의 수명에는 한계가 있다, 없다?

인간의 최고 연령은 몇 세일까

전쟁, 전염병, 굶주림에 시달리던 과거에는 인간의 기대수명이 40세가 채되지 않았습니다. 그러나 과학의 발전, 의학기술의 발달, 경제적 발전이이루어지면서 인간은 이러한 위협으로부터 자유로워지고 기대수명은 지속적으로 증가하고 있습니다. 다음은 1970년부터 2017년까지 우리나라사람들의 기대수명을 표시한 그래프입니다.

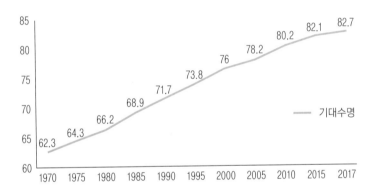

이 그래프를 보면 한국인의 기대수명은 일정한 비율로 상승해 왔습니다. 만약 기대수명에 한계가 있다면 그래프가 점점 완만한 곡선을 이루어야 할 텐데, 일직선에 가까운 증가 추세를 보입니다. 인간의 수명이 계속해서 증가할 것이라고 주장하는 이들은 이러한 자료를 근거로 내세우면서 앞으로도 다양한 의료과학기술의 발전, 건강에 대한 사람들의 관심과노력 증가, 노화 극복을 목표로 하는 식품·의약·헬스케어 산업의 확장

등에 힘입어 인간의 기대수명이 계속 늘어날 거라고 말합니다.

그러나 한편에서는 인간의 수명에는 분명히 한계가 있다고 주장합니다. 그들은 의료기술의 발달로 어느 정도 수명이 증가할 수는 있지만, 인간의 장기나 세포는 일정한 수명의 한계를 지녔기 때문에 결국 그 기능이 점점 둔화될 수밖에 없다고 말합니다.

미국의 알버트 아인슈타인 의대 얀 페이흐(Jan Vijg) 교수는 2016년 과학저널 〈네이처〉에서 약 40개국 다양한 연령대의 생존율과 사망률을 분석한 결과 "장수하는 사람이 늘고 있는 것은 사실이지만 110세를 기점으로 인구 증가세가 멈춘다"라고 주장하며 인간 수명이 현재 거의 최대치(115세)에 도달하였다고 밝혔습니다. 그는 1960년대 이후 전 세계 최고령자의 나이를 살펴봤더니 1968년에 111세에서 1990년대 115세로 늘어났고, 이후 예외적인 1명을 제외하고는 아무도 115세보다 더 오래 살지 못했다고 했습니다. 아울러 1997년에 122세로 죽었던 프랑스 여성 잔느 깔망(Jeanne Calment)은 명확한 예외이며 이후 그보다 오래 산 사람이 나타나지 않는 것은 인간 수명의 지속적 증가가 불가능하다는 사실을 말해준다고 했습니다.

요컨대 인간 수명에 한계가 있다고 주장하는 이들은 의료기술의 발달이 기대수명을 어느 정도까지 증가시킬 수는 있지만 최고 연령을 증가시키는 것은 불가능하다고 이야기합니다. 그리고 여러 주장을 종합해 보면 인간의 최고 연령은 통계적으로 약 125세를 넘기기 힘들다는 결론이 일반적입니다.

📶 인간 수명 150세에 건 과학자들의 내기

많은 과학자들은 대체적으로 인간의 평균수명이 늘어날 것이라는 데는 동의합니다. 그러나 과학자마다 인간의 수명이 얼마나 늘어날 것인지에 대한 생각에는 차이가 있습니다. 유엔미래보고서는 2050년에 인간의 평균수명은 130세정도가 될 것이라고 말합니다. 또 캐나다 오타와 심장연구소의 밥 로버츠 박사는 인간 게놈 프로젝트 연구 성과를 바탕으로 2050년에 인간의 평균수명이150살 정도가 될 것이라 예상합니다.

이와 관련하여 과학자들끼리 내기를 건 유명한 사례도 있습니다. 미국 앨라배마대학교의 스티븐 오스태드(Steven Austad) 교수는 인간의 수명이 150세까지 늘어날 것이라고 주장했습니다. 반면에 일리노이대학교의 제이 올샨스키(Jay Olshansky) 교수는 150세까지 사는 것은 불가능하다고 반박했습니다.이들은 2000년에 각각 150달러를 걸고 내기를 시작했습니다. 그리고 이 돈은 2150년 1월 1일 승자가 모두 가져갈 것이며 승자가 사망했을 경우에는 후손이 가져가기로 합의하였습니다. 아마도 스티븐 오스태드 교수가 맞다면 그가 직접 이 돈을 가져갈 수도 있겠죠. 반대로 제이 올샨스키 교수가 맞다면그의 자녀나 손자가 이 돈을 가져갈 가능성이 높을 것입니다. 혹시 승자가 가져갈 금액이 너무 적게 보이나요? 그렇지 않습니다. 2000년에 이들이 걸었던300달러는 2150년이 되면 이자가 붙어서 우리 돈으로 약 2000억 정도가 될것으로 예상된답니다.

생명연장의 꿈을 향해 달리는 과학자들

자연수명이란, 자연에 의해서 규정된 인간이 살 수 있는 최대한의 수명을말합니다. 여기서 '자연에 의해 규정'되었다는 말은 인간 몸속 세포의 수명이 한계가 있다는 생각에서 비롯된 것입니다. 나이가 들면서 인간의 몸속 세포는 늙기 시작하고 결국 파괴됩니다. 이러한 과정에서 우리 몸의 대사 작용이 제대로 일어나지 않게 되고 노화와 죽음을 맞이하게 되는 것이지요. 앞에서 이야기한 기대수명의 증가와 최고 연령에 대한 예측 역시 이러한 자연수명을 가정한 상황에서의 변화를 말한 것입니다.

그런데 21세기 4차산업혁명 시대에는 인류가 자연수명의 한계를 뛰어넘는 놀라운 변화를 맞게 될지도 모르겠습니다. 과거에는 죽음을 인간이 어떻게 할 수 없는 것, 형이상학적인 현상으로 인식하였습니다. 신이나, 우주, 자연이 관할하는 것이라고 생각했지요. 하지만 이제 과학자들은 죽음을 기술적인 문제로 바라보고 기술적인 해결책을 찾으려 하고 있습니다. 고장 난 기계를 수리해 다시 쓰는 것처럼 약해지거나 탈이 난 인간의 몸을 고쳐서 젊음을 유지하며 살 수 있도록 하겠다는 것입니다.

그렇다면 생명연장을 향한 과학자들의 시도에는 어떤 것이 있는지 한번 살펴볼까요. 2009년 노벨의학상을 받은 엘리자베스 블랙번(Elizabeth Blackburn) 박사의 연구에 따르면, 우리 몸의 염색체 끝부분에 있는 유전자 조각인 텔로미어(telomere)가 짧아지는 것을 막을 수 있으면 세포의 노화를 막을 수 있다고 합니다. 그리고 텔로미어가 짧아지는 걸 막아주는 효소를 '텔로머라아제'라고 하는데, 2010년 하버드대학교 의대의 로널드 드피뇨(Ronald A. DePinho) 박사는 나이 든 생쥐에게 이 효소를 투여해 젊음을 회복시키는 실험에 성공했습니다. 나이 든 쥐의 털 색깔이 회색에서 검은색으로 바뀌고 작아졌던 뇌의 크기가 정상으로 돌아왔다고 합니다.

노화 세포를 제거하여 젊음을 되찾게 하는 연구도 진행 중입니다. 2016년 2월, 미국 메이오클리닉 연구팀은 생후 360일 된 생쥐의 노화 세포를 제거해 관찰한 결과를 발표하였습니다. 일반 쥐가 626일 산 반면 노

📶 냉동인간은 부활할 수 있을까?

여러분은 '인체냉동보존술(cryonics)'이라는 말을 들어본 적이 있나요? 이 기술은 미래의 언젠가 의료기술이 발전하면 암이나 불치병 같은 질병의 치료법이 개발되어 다시 살아날 수 있을 것을 기대하고, 사체를 영하 196도의 액체질소에서 냉동 보존하는 것을 말합니다. 1967년 간암을 앓던 미국의 심리학자 제임스 베드포드(James Bedford)가 인류 최초의 냉동인간이 된 이래로, 이 기술은 서비스화되어 영생을 꿈꾸는 사람들의 욕망을 안고 계속 성장하고 있는데요, 오늘날 냉동인간을 보관하는 회사는 전 세계적으로 4곳(미국 3, 러시아 1)에 이르며 그곳에서 부활을 꿈꾸며 잠들어 있는 시신의 수는 600여 구에 달한다고 합니다.

과연 미래에 의료기술의 발달로 불치병이 모두 해소되고 냉동인간들이 다시 살아나 새로운 삶을 살 수 있는 날이 펼쳐질 수 있을까요? 많은 과학자들이 냉동보존술을 완벽히 구현하려면 인간의 뇌세포가 냉동 상태에서 제대로 보존되고 나중에 해동했을 때 그대로 복구되어야 하는데, 이러한 기술을 실현하는 것이 불가능하다고 주장합니다. 세포를 낮은 온도에서 얼리면 생체시계가 멈추어 노화되지 않는다는 점은 이론적으로 맞지만, 수많은 세포로 이루어진 사람을 냉동하고 해동하는 과정에서 세포 손상이 일어날 수밖에 없다는 것이지요. 반면 냉동보존술을 실시하는 회사들은 아직까지는 해동 과정을 자신할 수 없지만, 과학기술은 계속 발전할 것이고 이를 해결할 수 있다는 입장입니다.

미국 알코르 생명연장재단의
냉동인간 보관 시설

여러분은 이 문제를 어떻게 생각하나요? 냉동보존술은 영생을 꿈꾸는 인간의 욕망을 이용한 과학의 사기일까요? 아니면 인류의 진보를 믿는 사람들의 선택일까요? 그리고 미래의 어느 날 정말로 냉동인간이 부활한다면, 과연 그들은 행복한 삶을 살 수 있을까요?

화 세포를 제거한 쥐는 843일을 살았다고 합니다. 수명이 30% 늘어난 것뿐만 아니라 운동력과 활동성이 증가하는 등 젊음을 되찾는 모습을 확인한 것이죠. 국내에서도 울산과학기술원(UNIST)의 김채규 교수 연구팀이 노화 세포를 제거하는 약물을 퇴행성 관절염에 걸린 실험용 쥐에 투여한 결과 건강한 상태로 회복되는 것을 확인했다고 합니다. 국제 연구진과 공동 개발한 이 약물에 대한 결과는 2017년 4월 국제학술지인 〈네이처 메디신(Nature Medicine)〉에 발표되었습니다.

노화를 막을 수 있는 약제 라파마이신(rapamycin)도 개발되었습니다. 이것은 원래 장기이식 수술의 거부 반응을 차단하는 약으로 개발되었는데, 최근에 세포의 성장을 멈추게 해 노화를 늦추는 효과가 있는 것으로 임상시험에서 밝혀졌다고 합니다. 2016년 워싱턴대학교의 매트 케블라인(matt kevlarin) 박사는 20개월 된 생쥐(사람으로 치면 60세)를 두 그룹으로 나누어 실험했는데, 이 중 90일간 라파마이신을 투여한 생쥐는 사람 나이로 치면 최대 140세까지 생존했습니다.

한편, 4차산업혁명 시대에는 나노기술, 로봇공학, 바이오 인공장기(줄기세포, 생체조직, 동물의 장기 등을 이용해 만든 인공장기) 등을 활용한 생명연장기술이 크게 발전할 것으로 보입니다. 눈에 보이지 않을 만큼 작은 나노 로봇을 사람의 몸속에 삽입해 암세포 등을 죽이는 방식의 치료법이 현재 연구되고 있고, 인공 장기와 배아복제를 활용한 신체기관 이식에 대한 연구도 진행되고 있습니다. 2016년 미국 캘리포니아에서는 전신마비가 되었던 한 20대 청년이 줄기세포 치료제를 투여받은 후 움직일 수 있게 되었다고 합니다. 인공장기 분야는 시간이 갈수록 생체 친화력이 높아지면서 장기이식 거부반응이 줄고 안정화되고 있는데요, 앞으로 3D 바이오 프린팅 기술과 결합하여 더욱 발전될 것으로 기대됩니다. 이에 대해 간단히

설명하면, 특정 장기가 필요한 환자에게 줄기세포를
채취한 후 이를 적층(積層) 방식으로 3D 프린
팅하여 새로운 장기를 만들어 낸 다음 신체
에 이식하는 방법으로 교환이 가능한 맞춤형
인공장기를 제조하는 것입니다. 이처럼 수명 연
장이 가능한 세상을 만들기 위한 다양한 연구가
전 세계적으로 진행되고 있습니다.

3D프린터로 만든 실리콘 인공심장

생명연장 시대는 어떤 모습일까?

건강수명 vs 기대수명

앞에서 말했듯이 인류는 과학의 발전, 의학기술의 발달, 경제적 성장을
이루면서 전쟁, 전염병, 굶주림의 위협에서 자유로워지고 기대수명이 증
가되었습니다. 그러나 오늘날 뉴스를 통해 여러 가지 노인 문제들을 접하
다 보면 '기대수명의 지속적인 증가가 과연 인류에게 축복인가?'라는 물
음을 던지게 됩니다.

기대수명의 증가를 마냥 좋아할 수 없는 이유는 바로 건강수명과의
괴리 때문입니다. #건강수명(disability adjusted life expectancy)이란, 기
대수명에서 질병이나 부상으로 활동하지 못하는 기간을 뺀 기간을 말합

니다. 즉 실제로 건강하게 활동을 하며 산 기간이 어느 정도인지를 나타내는 지표입니다. 일본 후생노동성에 따르면 2016년 기준 일본의 평균수명은 남성이 80.98세, 여성이 87.14세인 반면 건강수명은 이보다 약 10년이 짧은 것으로 조사되었습니다. 한국도 사정은 비슷합니다. 2016년 기준한국인 기대수명은 남자가 79.3세, 여자가 85.4세인 반면 건강수명은 남자 65.3세, 여자 67.3세였습니다. 이는 노년에 환자로 지내야 하는 기간이 10년 이상 된다는 얘기이지요.

건강하지 못한 노인, 경제적으로 여유롭지 못한 노인의 증가와 그로 인해 비롯되는 여러 문제는 현대사회의 사회적 과제로 떠오르고 있습니다. 노인 부양비 증가, 독거노인 고독사, 노동인구 부족, 복지지출 증가와 같은 문제들은 100세, 200세, 300세…… 시대를 쫓기 전에 우리 사회가 함께 고민하고 풀어 나가야 할 문제입니다.

생명연장 시대의 빛과 그림자

기대수명과 건강수명의 괴리와 같은 문제 때문에 아마도 사람들은 점점 젊음과 건강에 집착하고 자연수명을 뛰어넘는 #생명연장기술에 열광하는 게 아닐까 합니다. 4차산업혁명의 시대에 생명연장기술들이 현실화된다면, 사람들은 정말 노화와 죽음의 두려움에서 벗어나 행복한 삶을 누릴 수 있을까요?

생명연장기술의 개발에 찬성하는 이들은 노화를 질병으로 인식하고 치료해야 할 대상으로 바라봅니다. 미래 사회에 대부분의 질병이 정복되고 생물학적 결함을 수정할 수 있게 되면서 사람들이 건강한 삶을 누릴 수 있을 것이라고 전망합니다. 줄기세포 이식 기술, 분자 수준의 세포 복구 기술, 인공장기나 동물의 장기를 이식하는 기술 등을 통해 인간의 노화 현상을 막을 수 있으며 난치병으로 고생하는 사람, 장기 이식을 기다리는 사람, 불의의 사고로 신체 일부가 손상된 사람 등에게 새로운 삶을 선사할 수 있다고 말합니다.

그들은 더 나아가 죽음의 공포에서 자유로워진 사람들이 보다 창의적으로 자신의 지성을 발현함으로써 사회 전반적으로 발전이 이루어질 것이라고 주장합니다. 새로운 가족 구조, 사회 구조의 출현 등으로 초기에 혼란이 발생할 수 있지만, 더 오래 살게 된 사람들은 축적된 경험과 지혜로 안정적인 시스템을 구축할 것이라고 말합니다. 또 연령대가 확장된 만큼 다양한 상품, 서비스가 나타나 경제 시장이 활성화될 것이라고 봅니다.

반면 인위적인 생명연장을 반대하는 사람들은 인간의 생명은 본질적으로 제한된 것으로, 노화는 자연스러운 현상이며 죽음은 우리의 생명을 구성하는 요소라고 생각합니다. 그렇기 때문에 영원한 생명을 추구하는 일, 생명의 순리를 거스르는 행위는 필연적으로 부작용을 낳을 것이라고 경고합니다. 그리고 시간이 많아진 사람들이 보다 창의적으로 생각하고 행동하는 것이 아니라 긴급함이 사라지고 무언가를 이루려는 욕구가 약해져 사회 전체적으로 혁신과 발전이 이루어지지 않을 것이라고 주장합니다.

이러한 주장을 뒷받침할 수 있는 쉬운 예를 한번 생각해 볼까요? 만약 여러분이 정해진 시험 일정을 앞두고 열심히 공부하고 있는데 갑자기 시험일자가 무기한 연기된다면 어떨까요? 시간이 더 주어진 것에 감사하며 계속해서 열심히 공부하게 될까요? 물론 그런 친구들도 있겠지요. 하지만 아마 그보다 훨씬 많은 친구들이 일단 책을 덮고 여유를 만끽하지

노화를 질병, 치료 가능한 대상으로 인식하고 생명연장을 향해 나아가는 인류의 발걸음은 어떤 미래를 낳을까요?

않을까요? 그리고 무엇을 해야 할지, 시간을 어떻게 보내야 할지 몰라 혼란스러워할 친구들도 있지 않을까요? 요컨대 너무 많은 시간이 주어지면 사람들은 무언가에 가치를 부여하고 그것을 위해 노력하는 삶의 동력을 잃어버릴 가능성이 큽니다. 인생의 시간이 유한하기에 사람들은 현재의 시간, 하고 있는 일, 함께하는 사람들을 소중하게 여기고 주어진 삶에 충실하게 되는 면이 있지요.

생명연장을 반대하는 이들은 또한 인위적인 수명 연장이 가능한 세상이 왔을 때 젊은 세대와 나이 든 세대의 갈등이 심화되어 사회 전체적으로 혼란을 일으킬 수 있다고 봅니다. 오늘날 사람들은 각자의 계획, 목표를 가지고 인생이라는 시간의 길을 걸어갑니다. 직업을 택해야 할 때, 가정을 꾸려야 할 때, 아이를 가져야 할 때, 제2의 직업을 택해야 할 때, 은퇴해야 할 때 등에 따라 선택을 하며 살아갑니다. 이러한 선택의 순간은 인생의 시간이 유한하다는 점을 전제로 하며, 그러기에 청년의 시기와 장년, 노년의 시기에 품는 목표와 가치도 다릅니다. 그리고 이처럼 유한한 시간의 주기가 있기 때문에 세대 간 교체가 이루어지고 사회는 '질서 있게' 변화하는 것이지요.

그런데 생명연장기술이 현실화된다면 노인의 나이를 몇 세부터로 정의할 수 있을까요? 현재 우리나라에서는 65세 이상이면 노령연금과 기초연금이 개시되고 지하철 무임승차 혜택도 받을 수 있습니다. 노인을 규정하는 기준 나이 만 65세는 우리나라가 경제개발 5개년 계획을 짠 1964년에 도입해 지금까지 유지되고 있습니다. 하지만 만약 100세 이상 장수하는 것이 보편화되고 150세 혹은 그 이상까지 인간 수명이 계속해서 늘어난다면, 연령을 구분하는 새로운 기준이 우리 사회에 필요할 것입니다. 65세 은퇴를 기준으로 하는 현재의 시스템은 붕괴되고 노인 관련 각종

복지제도와 법률 역시 수정해야 할 것입니다. 또 노동 기간이나 방식이 달라지고 교육도 지금처럼 초중고교생 등 미성년만을 주요 대상으로 하는 것이 아니라 변화를 겪게 될 것입니다. 또한 인구 과잉 문제, 지구의 자원 고갈 문제가 심각해져 물리적으로 인구를 통제해야 할지도 모릅니다. 이처럼 지금까지의 사회 구조를 전체적으로 뒤흔드는 변화가 일어날 수 있습니다.

부자만이 오래 사는 세상

한편, 생명연장을 찬성하는 이들이나 반대하는 이들 모두 공감하는 부분은 생명연장기술을 누릴 수 있는 사람과 그러지 못하는 사람 간의 격차가 불러일으킬 수 있는 문제입니다. 생명연장기술이 완성된다 하더라도 그 혜택을 누리려면 초기에는 엄청난 비용이 필요할 것입니다. 그 때문에 돈이 많은 사람들에게만 장밋빛 미래를 안겨 줄 수 있습니다. 이러한 문제는 오늘날에도 일어나고 있습니다. 미국의 생명과학 기업 암브로시아에서는 수년 전부터 16~25세 젊은이들에게 추출한 혈장·혈액 주사를 인체에 놓아 주는 실험을 진행하고 있는데, 이 실험에 참가해 주사를 한 번 맞는 데만 우리 돈으로 900만 원 정도가 든다고 합니다. 앞에서 말한 바이오 인공장기 이식, 줄기세포 이식, 인체 냉동 보관술 등이 현실화된다면 이보다 훨씬 많은 비용이 들겠지요.

　자본주의 사회에서 부자인 사람과 가난한 사람의 양극화는 피할 수 없는 현실입니다. 오늘날에도 이미 경제적 격차가 수명 격차로 이어지는

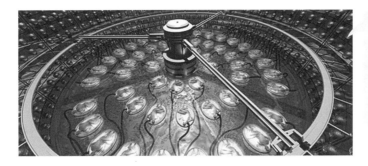

2005년 개봉되었던 영화 〈아일랜드〉는 부자들이 장기 이식을 위해 복제인간을 만들고 생명을 연장하는 미래 사회의 모습을 그리고 있습니다.

현상은 나타나고 있지요.★ 그러나 사람들의 마음 한편에는 '부자이든 가난하든 사람은 모두 죽는다'라는 생각이 자리하고 있고 이러한 생각 아래 스스로를 위로하며 살아갑니다. 그런데 일부 돈이 있는 사람들만 젊음을 유지하며 오래 살 수 있는 세상이 온다면 그러지 못하는 사람들이 느끼는 상대적 박탈감과 절망, 분노는 엄청날 것입니다. 이스라엘 히브리대학교 역사학과의 유발 하라리 교수는 그의 책 《호모데우스》에서 미래 사회를 신의 피조물인 인간(Homo)이 신(Deus)이 되려 하는 세상이라고 말하며, 수명을 연장하고 불멸을 쫓는 생명공학 기술의 지나친 발전이 인류의 삶에 재앙을 가져올 수 있다고 경고합니다.

"21세기 인간 사회는 인류 역사상 가장 불평등한 사회가 될지도 모릅니다. 역사상 처음으로 경제적 불평등이 생물학적 불평등을 낳을 것입니

★ 미국 중앙정보국이 244개 국가의 기대수명을 조사한 결과 2016년 기준 스위스·이탈리아·프랑스·독일 등 대다수 유럽 국가와 미국·캐나다 등 북미의 기대수명은 평균 80세가 넘었지만, 가봉이나 콩고 등 아프리카대륙 국가들의 기대수명은 60세를 채 넘기지 못했다. 선진국과 개발도상국 간 수명 격차뿐만 아니라 지역 간 격차로도 이러한 사실을 확인할 수 있다. 2018년 3월 한국건강형평성학회는 2010~2015년 국민건강보험공단 자료와 2008~2014년 지역사회건강조사 자료를 분석한 결과, 국내 252개 모든 시군구에서 소득 하위 20% 집단의 기대수명과 건강수명이 소득 상위 20% 집단보다 짧은 것으로 나타났다고 발표했다.

다. 역사상 처음으로 상류 계급이 인류의 나머지보다 더 부유할 뿐만 아니라 훨씬 더 오래 살고 훨씬 더 우수한 재능을 확보할 것입니다."

'속도'가 아니라 '방향'이 중요한 시대

지금까지 생명연장 시대가 가져올 변화에 대해 이런저런 이야기를 나누어 보았습니다. 아직 창창한 여러분들은 노화, 나이 듦, 죽음 같은 말들이 별로 마음에 와닿지 않을 겁니다. 하지만 생각의 시선을 조금만 돌려 여러분의 부모님 또는 할머니, 할아버지로 확장해 보면, 지금 나누고 있는 이야기가 결국 나의 문제, 모든 사람의 문제라는 것을 알 수 있습니다. 그리고 앞에서 살펴보았듯이, 생명연장 시대를 맞게 되면 우리 사회는 지금까지 전혀 생각지도 못한 새로운 변화 – 경제, 정치, 문화, 윤리, 환경 등 사회 전반에 영향을 미치는 변화 – 를 맞이하게 될 것입니다. 그러므로 우리는 이러한 변화에 어떻게 적응해야 할지, 미래 사회의 윤리와 제도는 어떠해야 할지, 과연 인간의 생명연장을 어느 지점까지 허용해야 할지 등의 문제를 함께 고민하고 토론해야 합니다.

생명연장을 향한 발걸음은 이미 시작되었고 기술은 나날이 발전하고 있습니다. 지금까지 인간은 놀라운 과학기술의 진보를 이루었고 그러한 활동은 인간 사회 전반에 물리적 발전을 안겨 주었습니다. 그러나 생명연장기술의 발전은 다른 물리적인 기술의 발전과 동일하게 생각할 수 있는 주제가 아닌 듯합니다. 단지 오래 사는 것을 목표로 하는 생명연장기술,

돈과 권력을 지닌 사람들만이 누릴 수 있는 생명연장기술은 너무 위험하지 않을까요? 생명은 모든 인간에게 태어날 때부터 주어지는 것으로 그 가치의 경중(輕重)을 따질 수 없으며 어느 누구도 함부로 침해당해서는 안 되는 소중한 권리로 지금까지 여겨져 왔습니다. 이러한 믿음이 깨진다면 우리 사회에는 엄청난 혼란과 분열이 생기게 될 것입니다.

따라서 생명연장기술이 정말로 인류의 삶을 풍요롭게 하고 사회 전반의 진보로 나아가려면 변화의 속도보다 방향을 더 깊이 고민해야 할 것입니다. 생명연장의 꿈을 이룰 기술을 얼마나 빨리 만들어 내느냐가 아니라 그 기술이 왜 필요한지, 누구를 위해 쓰여야 하는지, 지금 가고 있는 방향이 맞는지 먼저 생각해야 합니다. 기술 개발에 앞서 기술이 올바르게 쓰일 수 있도록 붙잡아 주는 제도를 갖추고, 그것을 함께 공유할 수 있는 시민들의 의식이 형성되어야 할 것입니다.

■ "생명연장기술의 발전이 인류의 삶을 더 행복하고 풍요롭게 할 것이다"라는
   주장에 대해 각자의 생각을 말해 봅시다. 이러한 주장에 동의하거나 동의하
   지 않는 이유가 무엇인지 근거를 들어 설명해 봅시다.

_____

_____

_____

_____

_____

_____

_____

_____

■ 인위적인 생명연장이 가능한 시대가 되었을 때 우리 사회에 새롭게 필요한
   제도나 법률에는 어떤 것이 있을까요?

_____

_____

_____

_____

_____

_____

_____

_____

■ 배아줄기세포와 관련된 연구에서 동물이나 사람의 몸속에 장기를 키우는 것에 대한 찬성과 반대 의견에는 어떤 것이 있는지 조사해 보고, 그중 자신의 생각은 무엇인지 말해 봅시다.

_____

_____

_____

_____

_____

_____

■ 인간의 기대수명이 100세를 넘는 장수 시대가 온다면, 학교 교육에는 어떠한 변화가 있어야 할지 근거를 들어 이야기해 봅시다. 또 이러한 시대에 사라지거나, 새롭게 등장하는 직업에는 무엇이 있을지 생각해 봅시다.

_____

_____

_____

_____

_____

_____

Chapter

09

교육의 미래!
학교는 계속 존재할까?

미네르바 스쿨

칸 아카데미

수월성교육 vs 보편성교육

여는 이야기

2017년 어떤 대학에서 신입생을 모집했습니다. 총 210명을 모집하는데 2만 427명이 응시해서 경쟁률이 무려 97:1을 기록했습니다. 그런데 이 대학은 도서관이나, 운동장, 캠퍼스도 없습니다. 2014년부터 학생을 선발했으니 역사가 오래된 것도 아니고, 졸업생이 사회적으로 크게 성공한 것도 아닙니다. 학비도 1년에 3200만 원 정도로 아주 싸다고 할 수 없는 수준입니다. 그럼에도 불구하고 이 대학은 세계 유수의 대학들보다 들어가기가 더 어려운 학교가 되었습니다. 이 학교의 이름이 바로 #미네르바 스쿨입니다.

4차산업혁명 시대를 맞아 교육 분야에서도 변화의 물결이 일고 있습니다. 학교에서 열심히 배우던 대부분의 지식은 이제 온라인 세상에서 손쉽게 접할 수 있습니다. 요즘 학생들은 공부를 하다가 혹은 친구들과 이야기를 하다가 궁금한 것이 있으면 스마트폰으로 검색부터 하려고 하지요? 아마 미래에는 빅데이터, 인공지능, 사물인터넷 등의 기술 발달에 힘입어 스마트폰으로 인터넷에 접속하여 찾는 것보다 더 빠르게 정보를 얻을 수 있을 것입니다. 영어나 다른 언어로 하는 대화도 이어폰만 꽂으면 실시간으로 통역이 가능한 시대가 올 것입니다. 그때가 되면 지금처럼 영어 공부에 많은 시간을 쏟는 사람들도 줄어들겠지요.

기존의 학교 교육에도 커다란 변화가 시작될 것입니다. 앞서 말한 미네르바 스쿨처럼 새로운 모습의 학교가 등장할 것으로 예측되는데요, 과연 4차산업혁명 시대의 교육은 어떻게 바뀔까요?

4차산업 시대 바뀌는 교육환경

오전반·오후반을 아시나요?

최근 우리나라 교육 환경이 바뀌고 있습니다. 변화의 가장 큰 원인은 출생아 수의 감소입니다. 1969년부터 1971년까지 지속적으로 한 해 100만 명을 넘었던 출생아 수가 2018년에는 32만 6900여 명으로 감소했습니다. 이는 100만 6645명이었던 1970년대에 비해 약 33% 정도밖에 안 되는 수치입니다. 우리나라 인구가 얼마나 감소했는지는 아래 그래프를 보면 체감할 수 있습니다. 이러한 추이 때문에 최근에는 '인구절벽'이라는 말이 많이 쓰이고 있습니다.

출생아 수 및 합계 출산율

출처 : 통계청, 『2017년 출생통계(확정), 국가승인통계 제10103호 출생통계』

이처럼 인구의 급격한 감소로 교실의 풍경도 변하고 있습니다. 과거 부모님 세대는 지금과 똑같은 크기의 교실 한 칸에 70여 명이 앉아서 수업을 받았습니다. 그래도 학생 수에 비해 교실이 모자라서 오전반과 오

왼쪽은 과거의 초등학교 교실 풍경, 오른쪽은 최근 초등학교의 교실 풍경입니다. 언뜻 보아도 인원이 크게 줄어든 것을 알 수 있습니다.

후반을 나누어서 수업을 하는 학교들도 있었지요. 학생들이 한 달은 오전에 등교를 하고, 그다음 달에는 오후 1시에 등교를 하는 식으로 번갈아 교실을 이용한 것입니다. 이러다 보니 당시에는 선생님이 칠판 앞에서 수업 내용을 학생들에게 일방적으로 전달하는 강의식 수업 외에 다른 방식의 수업을 할 수 있는 환경이 아니었습니다.

그러나 지금은 어떤가요? 한 교실에 30여 명의 학생들이 수업을 받고 있습니다. 과거의 절반도 안 되는 인원이지요? 앞으로는 이 숫자가 점점 더 적어질 가능성이 높습니다. 학생 수가 줄어드는 것은 사회적으로 큰 문제이긴 하지만, 이전에 비해 한 교실당 공부하는 학생 수가 적어진 덕분에 활동과 체험 위주의 참여 수업이 가능하게 된 것은 긍정적 변화라고 할 수 있습니다.

4차산업혁명 시대에 필요한 인재상은 무엇일까?

4차산업혁명 시대에는 새로운 능력이 필요해

미래학의 세계적 권위자인 앨빈 토플러(Alvin Toffler)는 "한국 학생들은 미래에 필요하지 않은 지식과 존재하지 않을 직업을 위해 매일 15시간씩이나 낭비하고 있다"고 비판한 적이 있습니다. 컴퓨터와 스마트폰이 등장하면서 암기하는 지식의 중요성은 점점 줄어들고 있습니다. 그런데 아직 우리 교육에서는 지식을 단순히 암기하는 능력을 매우 중요시하고 시험에서는 사지선다형 문제로 이를 확인합니다. 서술형 문제의 비중을 높이고 토론식 수업을 도입하는 등 변화를 시도하고 있지만, 정해진 답을 찾아가는 능력을 키우는 교육 방식은 여전히 많이 남아 있지요.

하지만 이처럼 단순히 지식을 암기하는 능력은 앞으로 점점 쓸모없어질 가능성이 높습니다. 인간보다 훨씬 더 빨리, 더 많은 데이터를 축적할 수 있는 인공지능 컴퓨터가 순식간에 답을 알려 줄 수 있을 테니까요. 그럼 우리는 이제 무엇을 익히고 배워야 할까요? 과연 4차산업혁명 시대에 필요한 인재상은 어떤 모습일까요?

인공지능을 앞설 수 있는 인간의 능력은 무엇일까?

4차산업혁명 시대에는 전문적으로 한 가지 분야만 아는 것보다 다양한 분야를 두루 알아서 전체적으로 살필 수 있는 통합적 인재가 필요합니다. 1차, 2차 산업혁명은 일의 분업화를 이루는 데 성공했습니다. 당시에는 공장에서 한 가지 일을 잘하는 사람이 필요했습니다. 컨베이어벨트에서 자기가 맡은 역할 하나만 하루 종일 했지요. 그래서 하나의 기술만 숙달하여도 평생 같은 일을 하며 먹고살 수 있었습니다. 그러나 4차산업혁명 시대에는 이를 기계와 로봇이 대신하게 될 것입니다. 결국 미래에 사람의 능력을 필요로 하는 일은 작업의 모든 과정을 이해하고 관리하는 일일 것입니다.

이와 같은 의미에서 4차산업 시대에는 융합적 인재가 필요합니다. 4차산업혁명의 중요한 키워드는 '연결'입니다. 인공지능이 우리 주변의 다양한 사물에 결합되고, 사물인터넷으로 대변되는 사물과 사물, 사물과 사람 사이의 연결이 일반화될 것입니다. 따라서 미래에는 아는 것들을 융합하거나 빅데이터를 활용하여 다양한 지식과 정보들을 비교하고 분석하면서 새로운 것을 만들어 내는 능력이 매우 중요해질 것입니다.

또한 고도의 창의적인 능력이 중요해집니다. 단순한 지식과 정보가 필요한 일은 대부분 인공지능이 대체할 가능성이 높습니다. 결국 인간이 인공지능과의 경쟁에서 살아남기 위해서는 인공지능이 할 수 없는 것을 해내야 합니다. 최근에는 딥러닝 기술의 발전으로 인공지능이 단순한 정도의 창의력까지 보여 주고 있습니다. 2017년 대전 예술의전당에서는 에밀리 하웰의 '유년기의 끝'이라는 작품이 연주되었습니다. 놀라운 점은 이 곡을 만든 에밀리 하웰이 인공지능 작곡 프로그램이라는 점이지요. 중국

샤오이스 인공지능이 지은 시를 엮어 출간한 시집과 인공지능이 작곡한 음악을 연주한 음악회

에서는 샤오이스(Xiaoice)라는 인공지능이 시집★을 출판해 베스트셀러가 되기도 했습니다. 하지만 아직까지 인공지능의 창의력은 인간이 만들어 놓은 데이터를 기반으로 합니다. 인공지능은 데이터에 의존하기 때문에 데이터가 많으면 그것이 옳다고 믿습니다. 데이터에 오류가 없는지 의심하거나 판단하지 못하고, 새로운 데이터를 만들어 내는 능력도 부족합니다. 반면에 인간은 데이터가 잘못되었는지 검토하고 분석 결과를 해석할 수 있으며, 새로운 데이터를 만들어 낼 수도 있습니다. 따라서 인공지능이 따라 할 수 없는 인간 고유의 창의적인 능력이 앞으로 더욱 중요해질 것입니다.

4차산업 시대에 우리가 키워야 할 또 다른 능력은 공감하고 소통하는 능력입니다. 서로 아이디어를 나누고 힘을 모을 때 한 사람이 이루어 낼 수 있는 것보다 더 큰 위력을 발휘하고, 창조적인 결과물을 만들어 내는

★ 샤오이스(샤오빙이라고도 불림)는 스스로 약 1만여 편의 시를 쓰고, 이 중 139편을 선정해《햇살은 유리창을 읽고》라는 시집을 출간했다.

것은 인간만이 할 수 있는 일입니다. 이때 중요한 것이 바로 사람들끼리의 소통입니다. 의사소통이 얼마나 잘 이루어지느냐에 따라 집단의 위력은 달라집니다.

새로운 기술의 발전은 학교를 사라지게 만들까?

지금의 교육제도는 미래가 요구하는 인재를 키우기에 적합할까요? 이 질문에 대해 회의적인 시각을 지닌 이들이 많이 있습니다. 우리 사회의 교육이 아직까지도 과거의 기준에 맞추어 이루어지고 있다는 의견이지요. 그래서 많은 사람들이 교육의 혁명이 일어나서 학교가 변해야 한다는 데 공감합니다. 심지어 일부에서는 미래에는 지금과 같은 학교가 존재할 필요가 없을 것이라고 말하기도 하는데요, 그럼 4차산업 시대에 교육은 어떠한 방향으로 변화될지, 학교는 어떠한 모습을 띠게 될지 함께 생각해 볼까요?

새로운 기술로 변화하는 수업 방식

과거 온라인이나 텔레비전에서 이루어지는 강의 동영상은 대개 강의하는 선생님을 촬영해서 보여 주는 방식이었습니다. 이 방식은 일방향적이어서 강의를 시청하는 사람의 상황은 전혀 고려되지 않았습니다. 그러나 기술이 발전하면서 교육에도 첨단기술이 도입되고, 일방향적 강의 방식에서 벗어나 시청하는 학생들의 참여를 유도하고 있습니다. 또한 최근에는 풍성한 자료를 제공함으로써 화면에 집중하도록 하는 편집기술도 많이 발전했습니다. 그 덕분에 때로는 원격으로 이루어지는 강의 영상이 교실에서 직접 수업을 하는 것보다 더 흥미를 유발하고 집중하게 만들어 학생들이 능동적으로 수업에 참여할 수 있도록 합니다.

또한 기존의 멀티미디어 교육을 넘어 증강현실 기법을 교육에 적용할 수도 있을 것입니다. 파일럿들이 증강현실을 활용한 시뮬레이션으로 비행조종 연습을 하는 것처럼 증강현실을 이용해 학교 실험실에서는 물리적으로 불가능한 대규모 실험이나 너무 위험한 실험 등을 가상의 시공간에서 해 볼 수도 있을 것입니다.

구글은 여러 박물관과 그 안의 작품들을 3D로 구현해서 마치 현실에서 건물 안을 걸어다니는 것처럼 마우스를 움직여 이동하면서 볼 수 있

구글이 개발한 '아트 앤 컬처' 어플리케이션에서는 세계의 유명 박물관이나 건축물 등을 가상현실 기술을 이용해 체험해 볼 수 있습니다. 실제 구조와 똑같은 건물 안을 둘러보는 것은 물론, 원하는 부분을 자유롭게 확대해 보거나 관련 설명을 함께 살펴볼 수도 있습니다.

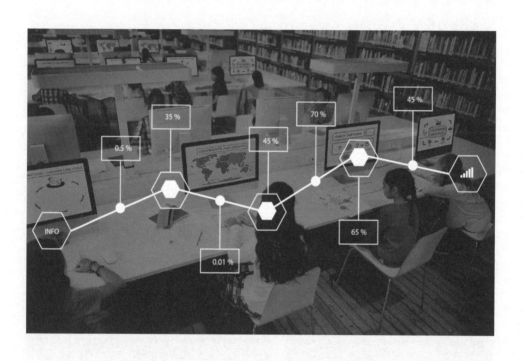

는 어플리케이션을 서비스하고 있습니다. 실제로 찾아가 보기 어려운 장소를 시뮬레이션을 통해 돌아다니고, 보고 싶은 작품들을 여러 각도에서 자유롭게 살펴볼 수 있는 것이죠. 미래의 교과서도 글과 그림으로만 이루어진 것이 아니라 홀로그램 등을 함께 활용할 수 있는 QR코드 형태나 더 진보된 방법으로 만들어질 날이 머지않았습니다. 이처럼 미래에는 우리가 상상하는 많은 것들을 시도해 보고 다양한 활동을 교실에서 경험해 볼 수 있을 것입니다.

이제 온라인에는 우리가 배우는 지식들이 거의 대부분 축적되고 있습니다. 새롭게 생성되는 지식들도 얼마 지나지 않아 온라인에서 찾아볼 수 있습니다. 디지털화가 빠르게 진행됨에 따라 미래에는 세상 대부분의 지식과 정보들을 온라인에서 접할 수 있게 될 것입니다. 더불어 이런 정보들을 검색하는 방법도 점점 진화하고 있습니다. 빅데이터를 활용한 음성인식 기술의 발달로 이제 말 한마디만으로 원하는 정보를 손쉽게 찾을 수 있으며, 그 정확성은 나날이 개선되고 있습니다. 모르는 것은 언제든 온라인을 통해 확인하고, 배울 수 있는 세상이 되고 있지요.

교실 없는 학교는 실현될 수 있을까?

4차산업혁명 기술들은 학생들이 학교라는 물리적인 장소를 거치지 않고 시간적, 공간적 제약을 넘어 교육을 받을 수 있는 현실을 실현해 줍니다. 기술이 발달하면 발달할수록 학교라는 물리적 공간은 축소되고, 다양한 방식으로 지식의 융합과 창의를 이루는 교육이 실현되어 학교 교육을 뛰어넘는 효과를 얻을 수 있다고 많은 미래학자들이 예견합니다.

학교라는 공간의 축소는 시대적인 흐름에도 자연스럽습니다. 서두에 이야기했듯이 학생 수는 점점 줄어들고, 거리나 지역에 관계없이 평등한 교육에 대한 요구는 점점 커지고 있습니다. 지금은 명문학교를 가기 위해 멀리 이사를 가거나, 먼 거리를 매일 통학하는 학생들도 많이 있지요. 크게는 해외 유명 학교로 유학을 가는 것도 지역에 따라 교육의 기회가 균등하지 않기에 일어나는 현상이라고 할 수 있습니다. 그래서 4차산업 시대의 물리적 거리를 초월하는 교육이 이와 같은 문제들을 해결해 줄 수 있을 것이라 기대하는 것입니다.

4차산업혁명 시대의 기술을 적용한 새로운 개념의 학교들은 이미 존재하고 있습니다. 이들은 첨단 과학기술을 이용해 교육 기회의 평등을 실현하고, 물리적 공간의 한계를 뛰어넘어 새로운 지성을 계발하는 데 교육의 목표를 두고 있습니다. 그 대표적인 예로는 #칸 아카데미와 미네르바★ 스쿨이 있지요.

모두에게 평등한 교육의 기회를, 칸 아카데미

칸 아카데미는 헤지펀드 분석가였던 살만 칸(Salman Khan)이 2006년 설립한 비영리 교육 단체입니다. 살만 칸은 멀리 사는 사촌동생이 수학에 어려움을 느끼자 유튜브와 인터넷을 활용하여 그를 도와주기 시작했습니다. 자신의 강의를 업로드할 뿐 아니라 학습에 도움이 되는 사이트의 자료들을 보내 주던 것이 점점 다른 사람들의 관심을 불러온 것입니다.

★ 미네르바(Minerva)는 로마 신화에서 지혜와 기술의 여신을 말한다.

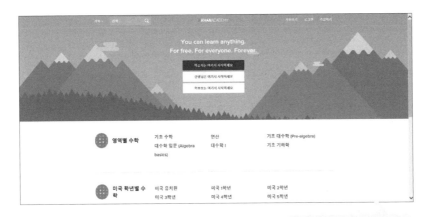

칸 아카데미 한국 홈페이지

이 자료들은 살만 칸의 사촌동생 외에도 마땅히 공부를 배울 길이 없던 학생들에게 큰 도움이 되었고, 결국 살만 칸은 자신의 일을 그만두고 무료로 운영되는 칸 아카데미와 온라인 유료 학교인 칸 랩 스쿨을 만들었습니다.

초기의 칸 아카데미는 단순한 강의 동영상 사이트였습니다. 그러나 높은 수준의 교육을 전 세계 누구에게나 무료로 제공한다는 취지 아래 점점 전문 교육기관의 입지를 갖추어 나갔습니다. 칸 아카데미는 무료로 운영되는 비영리 단체임에도 유수의 교육기관들과 연계할 뿐 아니라 전 세계 교사나 번역가들의 자원봉사를 통해 콘텐츠의 질을 유지하고 있습니다.

캠퍼스 없는 대학교 미네르바 스쿨

미네르바 스쿨은 벤 넬슨(Ben Nelson)★이 구상하고 하버드대학교의 사회과학대학장이었던 스티븐 코슬린(Stephen Kosslyn)과 오바마 대통령의 정책자문위원이었던 비키 챈들러(Vicki Chandler)가 참여하여 만든 학교입니다. 미네르바 스쿨은 책 속의 이론보다 실생활에서 적용할 수 있는 지식이 중요하다고 생각하여 이 부분에 초점을 두고 학생들을 교육하고 있습니다. 이 학교는 모든 수업을 온라인에서 토론 방식으로 진행합니다. 학생들은 어떠한 주제에 대하여 집에서 미리 공부를 하고 수업 시간에는 토론을 하거나 과제를 발표합니다. 기존의 수업 방식과 비교해 보면, 한마디로 '거꾸로 수업'을 활용하고 있는 것이지요.

미네르바 스쿨 학생들은 전원이 기숙사 생활을 하며 처음 1년만 미국에서 지내고 나머지 3년은 세계 6개 도시★★를 돌아다니며 공부합니다. 기숙사도 정해진 곳에서만 생활하는 것이 아니라 자신이 직접 선택한 도시에서 생활하는 방식입니다. 미네르바 스쿨에 입학하기 위해서는 중고등학교의 성적과 생활 그리고 정답이 없는 면접 외에는 아무것도 필요하지 않습니다. 특히 학교 외 입상 경력이나 성적, 가정환경 등은 입시 과정에서 절대 밝히지 못하게 합니다. 사교육이나 가정 배경의 영향으로 이루어진 것은 자신의 실력이 아니기 때문에 철저하게 배제한다는 것이 이 학교의 방침이기 때문입니다.

★ 온라인 사진 인쇄 업체인 스냅피시(Snapfish)의 운영자로 지금의 미네르바 스쿨을 대학 때부터 구상하였다고 한다.

★★ 6개 도시는 런던(영국), 베를린(독일), 부에노스아이레스(아르헨티나), 타이베이(대만), 하이드라바드(인도), 서울(대한민국)이다.

미네르바 스쿨은 전용 프로그램을 이용하여 온라인상의 토론과 수업에서 교수와 학생들 서로
간에 활발한 상호작용이 이루어집니다.

미네르바 스쿨의 온라인 수업 방식은 단지 동영상 강의를 듣는 수준이 아닙니다. 교수와 학생, 또 학생들 간의 상호작용이 최적화될 수 있도록 전용 프로그램을 개발하여 기술적으로 지원합니다. 예를 들어, 토론 수업을 화상으로 진행한다면 교수의 모니터에는 현재 발언하는 학생의 의견뿐 아니라 수업에 참여하는 모든 학생들의 의견이 표시됩니다. 또한 수업에서 발언 시간이 특별히 길었거나 거의 없었던 학생들도 구분되어 표시되어 수업 참여를 균형 있게 유도할 수 있습니다. 아울러, 이처럼 웹상에서 주고받은 수업 내용이나 과제, 프로젝트 등의 기록을 자동으로 취합함으로써 학생들의 태도와 능력을 한두 번의 시험으로 점수를 매겨 평가하는 것이 아니라 종합적으로 평가합니다.

4차산업혁명 시대, 학교는 더 중요해질 것이다!

4차산업혁명이 이루어져도 기존의 모습과 같은 학교가 계속 존재할 것이라는 의견도 많습니다. 오히려 지금보다 학교의 기능이 더욱 중요해질 수 있다고 보는 사람들도 있습니다.

그 이유는 교육은 지식을 습득하는 수업으로만 이루어지는 것이 아니라 같은 또래들과 지내면서 얻을 수 있는 다양한 상호작용 속에서 이루어진다고 보기 때문입니다. 사람은 사회적 동물이기 때문에 집단 속에서 직접 생활해 보지 않고는 배울 수 없는 것이 있습니다. 직접 대면하는 것이 아닌 온라인 수업이나 강의만으로는 이런 부분을 채워 주기가 어렵겠지요. 우리는 다른 사람들과 만나 눈을 맞추고 감정을 공유하면서 서로 이해하는 법을 배웁니다. 또 친구들과 같이 놀고 몸을 부딪치면서 서로 다른 생각과 주장들을 조율하고 협상하는 법을 배우기도 하지요. 이러한 이유로 아무리 기술이 발달하더라도 온라인상에서는 직접 마주하고 부대끼면서 서로의 지식과 감정을 나누고 성장하는 교육이 이루어질 수 없다고 생각하는 것입니다. 게다가 점점 개인화되어 가는 미래에는 사람과 사람 사이의 관계를 배우는 장으로서 학교가 더더욱 필요하다고 생각하는 것입니다.

또한 학교 교육의 지속을 주장하는 사람들은 교육은 지식뿐만 아니라 살아가는 데 필요한 모든 종류의 역량을 가르쳐야 한다고 이야기하면서, 때문에 인공지능은 인간의 완벽한 선생님이 될 수 없다고 이야기합니다. 인공지능은 단편적인 지식을 가르쳐 줄 수는 있지만 복잡한 인간의 감정을 이해하고 교감하는 일이나, 직관력과 응용 능력이 필요한 문제에서는 사람의 능력을 앞설 수 없다는 것이지요.

교육은 학생들에게 나아갈 길을 제시해 주는 나침반 역할을 해야 합니다. 이러한 역할은 현재는 물론 앞으로도 변함없이 지켜져야 할 텐데요, 4차산업 시대의 인공지능은 학생들의 지적 수준을 단순히 평가할 수는 있지만 학생 한 사람 한 사람이 지닌 역량을 온전히 측정하기는 어려울지도 모릅니다. 사람에게는 인격이나 성품, 신념 등 정확하게 측정하기 어려운 가치 기준이 많기 때문입니다. 따라서 인공지능이 사람에게 동기를 부여하고 그에 맞는 적절한 방향을 제시하는 데 따르는 한계를 어떻게 보완할 수 있을지 고민해야 할 것입니다.

학교의 변신은 무죄!

아마 더 나은 삶을 살기 위한 배움의 장으로서의 학교는 언제든 사라지지 않을 것입니다. 하지만 미래에는 기술의 발전과 필요에 따라 지금의 학교와는 그 모습이 크게 달라질 수 있겠지요. 기존의 학교들이 새로운 4차산업혁명 시대에 적응하지 못한다면 도태되고 밀려날 가능성도 있습니다. 그 존폐 여부는 기존 학교가 시대에 발맞추어 어떻게 변화하느냐에 달려 있을 것입니다.

교사 중심의 수업에서 학생 중심의 수업으로

지금의 학교들이 도태되지 않기 위해서는 어떤 변화가 필요할까요? 가장 먼저 가르치는 방식이 달라져야 합니다. 지금까지 교사가 중심이 되어 진행하던 수업을 학생 중심의 수업으로 변화시켜야 합니다. 학생들이 교사의 가르침을 일방적으로 듣기만 하는 것이 아니라 능동적으로 참여하는 수업이 되어야 합니다. 또한 학교와 선생님들은 학생들이 각자의 능력을 발휘하고 성장할 수 있는 환경을 만들어 주어야 합니다. 지금은 한 반으로 묶이면 개인차와 관계없이 대부분이 똑같은 수업을 받아야 하는데요, 학생들의 수준별, 관심별로, 또 강의 방식별로 모였다가 흩어지는 유연한 형태의 수업이 이루어져야 할 것입니다.

틀에 박힌 공간에서 창의적인 공간으로

교실의 디자인과 크기도 변해야 합니다. 그동안 우리나라 학교의 모습은 해방 이후 만들어졌던 약 66m²(20평)의 사각형 교실에서 크게 달라진 것이 없습니다. 심지어 앞쪽에 칠판, 교실 양쪽에 있는 창문 그리고 오른쪽 앞과 뒤에 있는 출입문의 구조까지 거의 똑같습니다. 당시에는 최소한의 비용으로 학교를 지으려다 보니 가장 효율적으로 공간을 활용할 수 있는 구조로 굳어진 것이지요. 그런데 창의와 혁신을 교육의 목표로 내세우는 오늘날까지도 과거에 짜여진 구조를 답습하는 것은 그저 관성에 의한 것이 아닐까요? 학생들에게는 개성과 창의력을 요구하면서 정작 그러한 능력을 키울 수 있는 환경을 제공하는 데에는 관심을 기울이지 못한 것이지요.

이제는 교실의 달라진 역할과 의미에 맞게 교실의 크기와 모양에도 변화가 필요합니다. 작은 규모부터 대규모 강의실까지 다양한 크기의 교실을 만들고, 책상도 개인형부터 모둠별로 수업할 수 있는 테이블 형태까지 갖추어야 하겠죠. 삼면이 칠판으로 이루어진 교실에서 바퀴 달린 책상과 의자로 옮겨 다니면서 수업을 할 수도 있습니다. 해방 이후 변하지 않았던 사각형의 교실 구조를 공연장처럼 방사형 구조로 바꿀 수도 있습니다. 교실뿐 아니라 학생들이 휴식을 취하고 취미 활동을 할 수 있는 보드게임장, 동아리방, 카페 등도 필요합니다.

학교 건물의 효율성도 달라져야 합니다. 인구가 점점 줄고 있는 현실을 고려하면 지금처럼 초·중·고등학교가 따로 존재하는 것은 비효율적입니다. 필자가 사는 지역에는 시립도서관, 초등학교 도서관, 고등학교 도서관이 나란히 있습니다. 좁은 지역 안에 세 개의 도서관이 따로따로 존재하고 있는 것이죠. 그러다 보니 예산도 불필요하게 많이 사용되고 있고요. 앞으로는 초등학교와 중고등학교가 시설을 공유하는 방법을 고민할

미사중학교의 예술공감터: 미사중학교는 남는 교실을 활용하여 학생들뿐 아니라 학부모와 마을 주민들도 문화예술 체험 활동과 공연장 등으로 활용할 수 있는 복합 문화예술 공간을 만들었습니다.

필요가 있습니다. 식당, 강당 등의 경우에는 시간을 달리해서 시설을 공유할 수 있으며, 도서관 등도 시와 연계하여 인근 학교들과 함께 사용하면 관리 측면에서도 효율을 높일 수 있습니다. 최근에는 인구수 감축으로 폐교되는 대학을 학교로 활용하는 방안도 제기되고 있습니다.

4차산업 시대를 준비하는 교육

학교의 외관뿐 아니라 가르치는 내용도 달라져야 합니다. 이제 학교는 이성을 가르치는 공간이 아니라 감성을 교육하는 공간이 되어야 합니다. 지식 중심의 이성은 발전하는 인터넷 환경과 인공지능 기술을 활용하여 얼마든지 교육이 가능합니다. 따라서 이런 교육을 답습하다가는 자칫 학교의 역할을 잃어버릴 수 있습니다. 기술이 발달할수록 인간은 점점 외로워지고 소외될 가능성이 높습니다. 따라서 교육은 이들을 위로하고 보듬어주는 역할, 학생들이 인간 고유의 능력을 발휘할 수 있도록 이끌어 주는

캔자스시티 시립도서관의 외관과 도서관 내부 디자인은 도서관 그 자체를 나타내는 모습으로 만들어졌습니다.

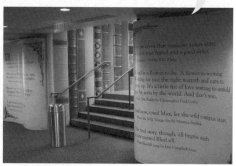

246

역할을 감당해야 합니다. 인공지능과 기계가 점점 노동력을 대체하다 보면 인간의 가치는 낮아질 수밖에 없습니다. 이때 교육은 인간 가치의 존엄성을 가르치는 것으로 4차산업혁명의 부작용을 보완해야 합니다.

4차산업혁명 시대의 새로운 학교

새로운 시대에는 새로운 학교가 필요합니다. 4차산업혁명 시대에는 사람이 갖춰야 할 소양도 이전과는 달라질 것입니다. 단순히 지식을 습득하고 암기하는 능력을 필요로 하는 일들은 인공지능에게 점차 그 역할을 빼앗길 것입니다. 그러므로 더욱 창의력, 이해력, 공감하고 소통하는 능력, 다른 사람들과 상호작용하는 능력과 같은 인간만의 차별화된 능력을 키우는 교육이 중요해지는 것이겠지요.

이처럼 인간 고유의 능력을 키우는 교육을 실현하기 위해 학생들이 효율적으로 공부할 수 있는 최적화된 공간을 만들고, 그 공간을 기술적으로 제대로 활용하는 것도 중요합니다. 빅데이터 분석 기술을 이용한 개별 맞춤형 교육을 설계할 수도 있고, 증강현실이나 가상현실 등을 이용한 새로운 방식의 체험 학습도 시도할 수 있을 것입니다.

4차산업혁명은 기존 학교와 교육 제도에 커다란 충격을 안겨 줌과 동시에 새로운 변혁의 기회를 제공할 것입니다. 이 변화의 물결을 타고 더 높이 도약할 수 있을지, 혹은 그 거센 물살에 휩쓸려 버리게 될지, 앞으로의 선택이 교육의 미래를 바꾸어 놓을 것입니다.

해방 이후 우리 교육은 입시교육의 틀을 벗어나지 못했습니다. 교육 시스템이 너무 자주 바뀐다고 불평하는 사람도 많지만, 사실 지금까지 작은 변화만 있었지 큰 틀을 뒤집는 변화는 한 번도 없었습니다. 현재의 우리 교육을 좌우하는 입시제도는 경제적 부를 축적한 사람들에게 유리한 구조로 이루어져 있습니다. 실제로 부모의 경제력이 자녀의 학업능력에 영향을 준다는 통계도 있지요. 그런데 이러한 사회 구조는 학생의 능력과 잠재력을 보지 못하게 가로막는 장벽으로 작용합니다. 입시교육은 우리 교육을 주입식 지식 교육에서 벗어나지 못하게 하면서 학생들에게 협력보다는 경쟁을 강요하고 있습니다. 이로 인해 사회는 점점 이기주의와 개인주의로 물들고 있습니다.

이제 4차산업혁명 시대를 앞두고 우리 교육은 혁명적으로 탈바꿈해야 합니다. 부모의 경제적 능력이 자녀의 대학 입학에 막대한 영향을 미치고, 좋은 대학을 나와야 좋은 직장을 들어갈 수 있는 연결고리가 깨져야 합니다. 학생 개개인의 능력과 잠재력, 인성이 제대로 평가받을 수 있는 문화를 만들어 가야 합니다. 교육은 가진 자에게만 유리한 것이 되어서는 안 됩니다. 경제적 여건이 부족한 사람이나 사회적 약자도 평등한 교육 기회를 제공받아 사회에 잘 적응하고, 다른 구성원들과 더불어 살아갈 수 있도록 이끄는 데 교육의 일차적 목적이 있습니다. 4차산업 시대에 우리 교육이 사회 구성원 모두를 위한 교육으로 거듭나기를 바랍니다. 앞서 이야기했던 4차산업 시대의 새로운 기술들이 이러한 변화에 유용하게 활용될 수 있기를 기대합니다. 그리고 한 가지 더, 이러한 변화를 이끌고 누려야 할 주체가 바로 여러분이라는 사실을 꼭 기억하기를 바랍니다.

🛜 수월성교육 vs 보편성교육

교육에 대한 철학을 이야기할 때 수월성교육과 보편성교육은 항상 대립합니다. 수월성교육이란, 잠재력이 뛰어난 학생들을 따로 선발하여 교육 효과를 극대화해야 한다는 입장입니다. 그래서 영재교육이나 특목고 확대를 주장합니다. 이와 반대되는 개념이 보편성교육으로, 교육을 받는 이들이 누구든 차별받지 않아야 한다는 입장입니다. 그래서 영재교육이나 특목고를 폐지하고 평준화를 주장합니다. 여러분은 이 두 가지 관점 중에서 어느 쪽에 공감하시나요? 아래 그림을 참고하여 살펴보고 생각해 봅시다.

어느 쪽이 진정한 평등일까?

곰곰이 생각하기

■ 농어촌에는 아이들의 숫자가 줄어들어 폐교되는 학교가 늘고 있습니다. 그런데 이렇게 학교가 점점 문을 닫으면 다닐 학교가 없으니 농어촌으로 이사 오는 인구가 더 줄겠지요. 이와 같은 악순환을 막기 위한 대안은 무엇이 있을지 생각해 봅시다.

■ 미래의 수업 방식을 논할 때, 첨단기술을 적극적으로 도입해야 한다는 사람들과 오히려 자연으로 돌아가 인간다움을 가르쳐야 한다는 아날로그식 교육을 주장하는 사람들의 주장이 대립합니다. 두 가지 의견 중에서 어느 쪽에 더 공감하는지 근거를 들어 자신의 생각을 말해 봅시다.

■ 인공지능과 겨루어 인간이 더 뛰어나다고 할 수 있는 능력에는 무엇이 있을까요? 자유롭게 이야기해 봅시다.

■ 4차산업혁명 시대에 학교에서 꼭 배워야 할 새로운 과목은 무엇이 있을까요? 세 가지 정도 꼽아 보고, 이에 대한 근거를 앞으로 변화할 사회의 모습과 연계시켜 설명해 봅시다.

주제어 사전

각 글에 나왔던 주제어들의 개념을 간추려 보았습니다. 개념을 명확히 아는 것은 논리적 사고에 큰 도움이 됩니다. 차근차근 읽어 보면서 자신의 언어로 정리해 보고 본문의 내용을 되짚어 보길 바랍니다.

4차산업혁명

인공지능 기술을 중심으로 하는 다양한 기술이 등장하여 상품이나 서비스의 생산, 유통, 소비 전 과정이 서로 연결되고 지능화되는데, 이러한 과정을 통해 업무의 생산성이 비약적으로 향상되고 삶의 편리성이 극대화되는 사회적·경제적 현상을 4차산업혁명이라고 함.

경제학자 클라우스 슈밥은 《제4차산업혁명》이라는 자신의 책에서 4차산업혁명의 특징으로 유비쿼터스 모바일 인터넷, 강력해진 센서, 인공지능과 머신러닝 세 가지를 들었습니다. 그러나 이후 4차산업혁명에 대한 수많은 논의들이 나오며 그 개념과 특징들은 더욱 확대되고 있습니다. 그중에 보편적으로 받아들여지는 정의가 바로 위에 제시한 것입니다. 여기서 가장 핵심적인 4차산업혁명의 키워드는 '연결', '지능화', '비약적인 향상'입니다.

사물인터넷(IoT: Internet of Things)

센서와 통신 기능을 지닌 사물들이 네트워크로 연결되어 수집한 정보를 서로 주고받을 수 있고, 사용자가 이를 원격으로 제어할 수 있는 기술.

사물인터넷은 어떤 특정한 기기를 가리키는 것이 아니라 네트워크를 이용해 운영되는 수많은 디지털 장치의 집합을 가리킵니다. 각종 사물에 센서와 통신 기능을 내장하여 네트워크로 연결하는 기술이지요. 서로 연결된 사물들은 각각의 센서를 통해 데이터를 주고받으며 스스로 분석하고 학습한 정보를 사용자에게 제공하거나 인공지능으로 제어합니다.
사물인터넷에 연결되는 사물들은 구별되는 고유의 아이피와 외부 환경으로부터 데이터를 수집할 수 있는 센서를 내장해야 합니다. 정보 기술 연구 및 자문회사 가트너에 따르면 사물인터넷 기술을 사용하는 사물의 개수는 2020년경 260억 개에 이를 것으로 예상됩니다. 우리 주변에서 쉽게 찾아볼 수 있는 사물인터넷 기기로는 블루투스 이어폰, 스마트 스피커, 로봇청소기 등이 있습니다. 이러한 기기들은 모두 스마트폰이나 태블릿과 연결하여 멀리 떨어진 곳에서도 기기 주변의 상태를 확인하거나 제어할 수 있습니다.

인공지능(AI: artificial intelligence)

스스로 학습하는 능력, 추론능력, 지각능력과 같은 인간의 지능을 본따 컴퓨터 프로그램으로 구현한 4차산업혁명의 핵심 기술.

인공지능이 탑재된 컴퓨터는 기존의 설계된 프로그램을 그대로 실행하는 것뿐만 아니라 스스로 학습하여 성능과 기능을 개선할 수 있습니다. 인공지능 분야는 컴퓨터공학, 사물인터넷, 로봇공학 등 다양한 4차산업 분야와 결합되어 사용되므로 그 활용 범위가 매우 넓고, 인공지능 기술의 개발 수준이 4차산업혁명 진행 단계의 척도가 되기도 합니다.

머신러닝

데이터가 주어졌을 때 컴퓨터 스스로 분석하고 패턴과 알고리즘을 학습하여 그 내용을 기반으로 판단하고 예측하는 기술.

머신러닝은 데이터나 알고리즘(문제를 해결하기 위한 명령들로 구성된 순서화된 절차) 입력 단계에서 사람이 개입하지만, 사람이 세세하게 프로그래밍하지 않아도 컴퓨터가 주어진 자료를 분석하여 스스로 학습한다는 것이 주요한 특징입니다.

딥러닝

수많은 데이터 중에서 컴퓨터가 스스로 필요한 정보를 선별하여 분석하고 학습하여 그 내용을 기반으로 판단하고 예측하는 기술.

머신러닝처럼 컴퓨터가 사람처럼 스스로 생각하고 배울 수 있다는 면에서는 동일합니다. 차이점은 머신러닝은 예제 데이터를 선별하거나 기초적인 알고리즘을 입력하는 부분에서 사람이 개입해야 하지만, 딥러닝은 의사결정 기준에 대한 구체적인 지침까지 스스로 익히고 실행한다는 것입니다. 수많은 데이터의 특징들을 분류해서 같은 집합들끼리 묶고 그 관계를 파악하는 딥러닝은 인간처럼 생각하는 인공지능에 한 걸음 더 다가간 기술입니다.

특이점(singularity)

인공지능이 점점 발전하여 인류의 지성을 뛰어넘는 초인공지능이 출현할 것으로 예상되는 특정한 가상의 시점.

특이점이란 어떤 기준을 정했을 때, 그 기준에 적용되지 않는 특정한 지점을 뜻하는 용어로 주로 물리학이나 수학 분야에서 사용되는 용어입니다. 그러나 4차산업혁명과 관련하여 사용될 때는 대부분 '기술적 특이점'을 의미합니다. 기술적 특이점이란 인공지능이 점점 발전하여 인류의 지성을 뛰어넘는 초인공지능이 출현할 것으로 예상되는 가상의 시점을 뜻합니다. 기술적 특이점을 넘는 순간, 과학 기술은 폭발적으로 발전하고 그로 인해 인간의 생활 방식도 다시는 이전으로 돌아갈 수 없을 만큼 크게 변화할 것이라고 합니다.

러다이트 운동

1차산업혁명으로 공장에 기계가 보급되면서 수공업 중심의 숙련 노동자들의 임금이 하락하고 실업자가 증가하는 등의 상황이 발생하자 노동자들이 기계를 파괴하며 자신들의 일할 권리를 주장한 반기술주의 노동운동.

러다이트 운동은 18세기 말에서 19세기 초에 걸쳐 영국의 공장지대에서 일어났습니다. 당시 새롭게 개발된 기계 덕분에 방직 공장의 생산성이 급격히 향상되었습니다. 그런데 공장을 운영하는 자본가들은 이윤을 독차지하면서 노동자들을 해고하거나 임금을 삭감했고, 이에 분노한 노동자들은 방직기계를 파괴하는 행위로 맞섰지요. 하지만 자본주의적 생산 양식의 확립과 더불어 이 운동은 실패로 끝나고 말았습니다.

아시모프의 로봇3원칙

SF 작가 아이작 아시모프가 로봇과 인간이 공존하는 사회를 상상하며 고안한 로봇의 3대 윤리 강령.

아이작 아시모프는 1942년 출간한 공상과학소설 《런어라운드》에서 다음과 같은 세 가지 명령어를 제시하였습니다. 첫째, 로봇은 행동하거나, 행동하지 않음으로써 인간에게 해를 끼쳐서는 안 된다. 둘째, 로봇은 첫째 원칙에 위배되지 않는 한 인간이 내리는 명령에 복종해야 한다. 셋째, 로봇은 첫째와 둘째 원칙에 위배되지 않는 한 로봇 스스로 자신을 보호해야 한다.

로봇윤리

인공지능을 탑재한 로봇이 상황을 자의적으로 판단할 수 있는 경우가 점점 늘어남에 따라 생길 수 있는 문제에 대하여 로봇, 또는 로봇 개발자들이 지녀야 할 윤리적 책임에 관한 광범위한 개념.

인공지능 기술이 고도로 발달하는 4차산업혁명 시대에는 악의적인 목적을 가지고 인공지능을 사용하거나, 기계적 오류나 결함이 발생하여 사회에 위험을 초래하는 일이 생길 수 있습니다. 로봇윤리란 이러한 상황을 방지하기 위해 로봇에게도 윤리적 책임을 물을 수 있는 법이나 강령이 필요하다는 다양한 논의를 포함합니다.

죄수의 딜레마

서로 협력할 경우 모두에게 이익이 되는 상황이더라도 다수의 사람들은 상대에 대한 불신과 자신의 욕심 때문에 최선의 선택을 하지 않는다는 이론.

죄수의 딜레마에서는 두 명의 공범이 범행을 자백할 것인지, 부인할 것인지를 선택해야 하는 상황을 가정합니다. 내가 자백했을 때는 무죄 또는 5년 형에 처해집니다. 이를 평균으로 계산하면 2.5년 형의 선고가 내려진다고 볼 수 있지요. 반면 내가 부인했을 경우에는 1년 또는 10년 형에 처해지므로 평균 5.5년 형의 선고가 내려진다고 볼 수 있습니다. 따라서 대부분의 사람들은 확률적으로 자신에게 유리한 자백을 함으로써 다른 공범자를 배신할 확률이 높습니다. 사실 두 사람 모두에게 가장 좋은 선택은 둘 다 범행을 부인하고 1년씩만 복역하는 것인데도 말이지요.

3D프린터

3D 도면을 바탕으로 자동화된 출력장치를 통해 삼차원 형상을 만들어 내는 기계.

3D프린터의 원리는 컴퓨터에서 전송한 활자나 그림을 인쇄하듯이 물건의 도면(3D 도면)을 기기(3D프린터)로 전송하여 물건을 출력해 내는 것입니다. 현재 우리가 많이 사용하고 있는 2D프린터는 종이 위 평면에서만 움직여 잉크로 활자나 그림을 인쇄하지만, 3D프린터는 위아래로도 움직여 액체 형태의 재료를 쌓아 올리는 방식으로 입체적인 물건을 만들어 냅니다.

지적재산권

어떤 사람이 특정한 아이디어를 떠올려 얻은 형태가 없는 재화에 대한 권리.

특허권, 의장권(design right), 상표권, 저작권, 컴퓨터프로그램, 영업비밀 등이 모두 지적재산권의 종류에 해당됩니다. 최근에는 같은 의미로 지식재산권이라고 부르기도 합니다. 정보기술이 발전함에 따라 이러한 지적재산권의 범위는 점점 넓어지고 있으며, 개인의 권리로서뿐만 아니라 국제 경쟁의 전략적 수단으로 활용되기도 합니다.

프로슈머

producer(생산자)와 consumer(소비자)가 결합된 용어로, 생산자의 역할까지 겸하는 소비자를 가리키는 신조어.

앨빈 토플러의 《제3의 물결》에 처음 등장한 신조어로, 정보통신사회가 발달하면서 생산자로서의 역할까지 수행하는 새로운 형태의 소비자들을 지칭하는 말입니다.

드론

4개 이상의 프로펠러가 장착된 원격으로 조종이 가능한 소형 무인조종 비행기.

드론(drone)은 영어로 '웅웅거리는 소리' 또는 '(꿀벌의) 수벌'을 의미합니다. 소형 무인기의 프로펠러 돌아가는 소리가 마치 꿀벌의 웅웅거리는 소리와 비슷하다고 해서 붙여진 이름이라는 이야기가 많습니다.

빅브라더(Big Brother)

어디서나 개인을 감시하고 통제하는 거대 권력에 대한 비유적 표현.

빅브라더는 조지 오웰의 소설 《1984년》에 등장하는 독재자의 명칭에서 유래한 표현입니다. 소설에서는 모든 개개인을 화면으로 감시하면서 시민들에게 끊임없이 "빅 브라더가 당신을 보고 계시다"라는 문구를 주입시키는 내용이 나옵니다.

자율주행차(self-driving car)

탑승한 사람이 직접 운전하지 않아도 자동차 스스로 도로 상황이나 주변 환경을 파악하여 자율적으로 주행하는 차.

자율주행차는 기술발전 정도에 따라 단계별로 구분합니다. 현재 우리나라의 자율주행차는 운전자가 대부분의 조작을 하고 자율주행 시스템은 속도 유지나 충돌 방지 등의 기능으로 운전을 보조하는 기능만 하는 1단계 수준입니다. 모든 도로 조건과 환경에서 자율주행 시스템이 운전을 담당하는 5단계 완전 자율자동차 개발을 위해 지금도 활발히 연구가 이루어지고 있습니다.

트롤리 딜레마

부득이한 희생자를 선택해야 하는 상황에서 사람들이 어떤 결정을 내리는가에 대한 사고실험(thought experiment).

트롤리는 전철 윗부분에서 전기선과 연결하는 쇠바퀴 모양을 말하는데요, 트롤리 딜레마의 전제 상황에 등장하는 전차에서 따온 명칭입니다. 트롤리 딜레마의 상황은 이렇습니다. 기차가 운행 중에 고장이 나서 멈출 수 없게 되었는데, 진행 중인 선로에는 다섯 사람이, 다른 방향의 선로에는 한 사람이 서 있습니다. 기차가 점점 가까워지는 중에 선로를 바꾸거나 그대로 두는 것 중 어떤 선택을 해야 할까요? 트롤리 딜레마는 이와 같은 가정에서 어떻게 대답하는지에 따라 개인이나 집단의 가치관과 도덕관에 대해 생각해 보도록 합니다.

핀테크(fintech)

financial(금융)과 technology(기술)를 결합하여 만든 신조어로, 기존의 금융 서비스를 모바일 환경에서 더 자유롭게 이용할 수 있도록 해 주는 정보통신 기술을 말함.

4차산업혁명으로 주목받기 시작한 빅데이터나 블록체인, 암호화폐 등의 신기술을 적용한 금융 서비스를 가리킵니다. 핀테크 서비스에는 새로운 모바일 결제 서비스인 스마트페이(간편결제서비스)를 비롯하여 대출, 주식, 송금, 자산관리 등 다양한 종류가 있습니다. 처음에는 기존의 오프라인 은행에서 제공하던 기능을 단순히 온라인으로 옮겨 제공하는 것에 머물렀지만, 최근에는 새로운 기술을 이용해 오프라인에서는 불가능했던 서비스를 온라인으로 제공하는 수준에 이르렀습니다.

스마트페이(smart pay)

현금이나 실물 카드가 없어도 모바일 기기를 이용해 어디서나 돈을 지불하는 것이 가능한 간편결제서비스.

흔히 '○○페이'라고 부르는 스마트페이는 미국의 페이팔(PayPal)이 처음 서비스를 시작해 크게 성공하면서 널리 알려졌습니다. 현재는 여러 금융기관이나 인터넷 모바일 사업체들이 자신들의 플랫폼과 기술을 이용하여 스마트페이 서비스를 내놓으면서 지갑 없는 시대를 열어 가고 있습니다.

블록체인(block chain)

기존에 거래 당사자만이 가지고 있던 거래장부를 조각내어 다수의 사람들에게 나누어 줌으로써 정보 수정이나 해킹의 위험을 줄인 높은 수준의 보안 방식.

블록체인 시스템에서는 개인 간 거래 내용을 네트워크에 접속한 많은 사람들에게 나누어 암호화해서 저장합니다. 이처럼 많은 사람들이 거래 내용을 나누어 가진다고 해서 '분산거래장부' 또는 '공공거래장부'라고도 하지요. 이 거래 내용은 일정 시간이 지나면 하나의 블록으로 저장되고, 거래가 일어날 때마다 또 다른 블록이 생겨서 그 위에 쌓이게 됩니다. 이런 블록들이 체인처럼 연결되어 있다고 해서 '블록체인'이라는 이름이 붙은 것입니다.

암호화폐

보안 기술을 유지하는 데 기여하는 사람들에게 보상으로 주는 가상화폐.

거래의 신뢰도를 유지하기 위해 시스템 내 사용자의 참여가 필요한 블록체인과 같은 기술은 사용자들에 대한 보상으로 특정한 가상의 화폐를 발행합니다. 이렇게 만들어지는 암호화폐의 종류는 관련 기술이 늘어남에 따라 점점 증가하는 추세인데요, 한때 암호화폐 시장의 과열된 분위기가 투기에 이용되어 이슈가 되기도 했습니다.

비트코인

암호화폐 시스템이 처음 고안되었을 때 나온 첫 번째 암호화폐.

블록체인 시스템이 유지될 수 있도록 참여해 주는 사람에게 보상으로 비트코인을 지급하고, 이 비트코인이 널리 통용되며 그 가치를 높게 유지하기 위해서는 더 견고하게 블록체인 시스템을 유지해야 합니다. 그래서 비트코인을 소유한 사람들은 더욱 열심히 시스템에 기여하게 되는 순환이 일어나는 것이지요. 비트코인은 이러한 체계를 만든 첫 번째 암호화폐로 암호화폐의 대명사처럼 불리고 있습니다.

크라우드펀딩(crowd funding)

대중을 뜻하는 크라우드(crowd)와 자금 조달을 뜻하는 펀딩(funding)을 결합한 단어로, 온라인 플랫폼을 이용해 다수의 대중으로부터 자금을 조달하는 방식.

크라우드펀딩은 투자전문회사 같은 거대 자본이 아니라 개인에게 돈을 모아 어떤 프로젝트를 진행하는 것을 말합니다. 주로 사업가, 예술인, 정치인 등이 창의적인 아이템을 가지고 있는데 이를 구현할 자금이 부족할 때 시도합니다. 자신들의 아이디어를 공개적으로 프레젠테이션하고 거기에 공감하는 대중들이 자발적으로 후원이나 투자를 하는 것이지요. 돈이 모여서 사업이 성공하면 해당 프로젝트에 투자한 대중들은 상품이나 서비스, 주식 등으로 보상을 나누어 받습니다.

P2P 금융(peer to peer finance)

개인과 개인 간 금융. 기존에 금융기관을 통해서만 이루어지던 대출 서비스를 온라인을 통해 연결된 개인과 개인이 직접 수행하는 금융 거래.

일반적으로 P2P 금융은 돈이 필요한 사람이 P2P 회사를 통해 대출을 신청하면 회사가 이를 심사한 후 온라인상에 명단을 공개하고, 개인 투자자들은 대출자 명단을 본 후 자신들이 원하는 사람에게 돈을 빌려 주는 형태로 이루어집니다.

디지털크라시(digitalcracy)

디지털(digital)과 민주주의(democracy)의 합성어로, 발전하는 디지털 기술이 정치와 결합하는 현상을 나타내는 단어.

디지털 기술들을 활용하여 직접민주주의를 확산시키는 것으로 '디지털 민주주의'라고도 합니다. 블록체인과 같은 발전된 기술을 활용하여 전자투표나 온라인 투표로 직접민주주의가 확대되는 정치 세태의 흐름을 뜻하기도 합니다.

대의민주주의

국민들이 대표자를 선출하여 자신들의 권한을 위임하고, 선출된 대표자들이 국민을 대신해 정치적인 판단을 내리는 민주주의의 한 형태.

대의민주주의의 대표자는 주로 국회의원을 가리킵니다. 현재 우리나라에서는 지역을 대표하는 의원과 정당 내에서 순서를 정해 정당투표율로 선출되는 비례대표 의원, 두 종류의 국회의원이 있습니다. 이 국회의원들이 국민들을 대신하여 정부를 견제하고, 투표로 법률에 대한 승인과 거부를 하고 예산을 통과시키는 역할을 합니다. 그래서 대의민주주의를 간접민주주의라고도 합니다.

직접민주주의

대의민주주의와 반대되는 개념으로, 개별 정책에 대해서 국민들이 중간 매개자를 거치지 않고 직접 투표해서 정책을 결정하는 민주주의의 한 형태.

직접민주주의는 우리가 대통령 선거를 하거나 헌법을 수정할 때 모든 국민들의 의견을 반영하기 위해 직접 투표를 하는 것처럼, 모든 정책을 결정할 때 국민들이 직접 판단하여 다수결로 결정하는 방식을 말합니다. 우리나라는 직접민주주의를 일부 포함한 대의민주주의 체제라고 할 수 있지요.

온라인투표

유권자들이 특정 장소에 마련된 투표소에 갈 필요 없이 인터넷이 연결된 모바일 기기를 이용해 온라인상에서 투표할 수 있는 방식.

최근 우리나라 정당들은 당 대표 선출에 온라인투표 방식을 활용하고 있습니다. 온라인투표 방식의 대표적인 장점은 비용이 거의 들지 않고, 투표가 끝나자마자 바로 그 결과를 알 수 있다는 것입니다.

고령화 사회(aging society)

65세 이상 인구가 전체 인구의 7% 이상을 차지하는 사회.

65세 이상 인구가 전체 인구의 14% 이상을 차지하는 사회는 고령 사회(aged society), 20% 이상을 차지하는 사회는 후기 고령 사회(post-aged society) 또는 초고령 사회라고 합니다. 우리나라는 2017년 전체 인구에서 차지하는 65세 이상 인구가 13.8%로 고령화 사회에 접어들었습니다.

기대수명(life expectancy at birth, 평균수명)

특정 년도에 태어난 사람이 생존할 것으로 기대되는 평균 생존 기간.

기대수명은 조사한 해에 태어난 신생아를 기준으로 산정합니다. 2017년에 출생한 한국인의 기대수명은 82.7세로, 남자는 79.7세, 여자는 85.7세입니다. 이는 2017년에 태어난 사람들이 평균적으로 82.7년 정도 생존하리라 기대할 수 있다는 의미입니다. 기대수명이 시기에 따라 다른 것은 영양 상태, 의료기술, 건강관리 등에서 차이를 보이기 때문입니다.

건강수명(disability adjusted life expectancy)

기대수명에서 질병이나 부상으로 활동하지 못하는 기간을 뺀 기간.

건강수명은 실제로 건강하게 활동을 하며 산 기간이 어느 정도인지를 나타내는 지표입니다. 한국인의 평균 건강수명은 2016년 기준 남자 65.3세, 여자 67.3세였습니다. 이러한 결과는 (기대수명과의 차이를 생각해 보면) 노년에 환자로 지내야 하는 기간이 10년 이상 된다는 의미이기도 합니다.

미네르바 스쿨

책 속의 이론보다 현실에서 적용할 수 있는 학문을 추구하는 캠퍼스 없는 미래형 대학교.

미네르바 스쿨은 정해진 캠퍼스가 없이 전 세계를 돌아다니며 교육 과정을 진행합니다. 입학할 때도 정해진 시험 없이 중고등학교의 성적과 생활 태도만을 제출하도록 하며, 이후에는 정답이 없는 면접을 거쳐 학생들을 선발합니다. 기존의 틀에 박힌 기준이 아니라 더욱 폭넓은 기준을 적용하여 학생들이 지닌 다양한 능력을 가늠하기 위해서이지요. 또한 온라인에서 토론과 수업을 진행하고, 전용 프로그램을 이용하여 학생 개개인의 활동과 수준을 기록하는 등 4차산업 시대의 기술도 적극 활용하고 있습니다.

칸 아카데미

누구나 평등하게 교육받을 권리를 보장하기 위해 다양한 분야의 동영상 강의를 무료로 제공하는 비영리 교육단체.

칸 아카데미의 설립자 살만 칸은 멀리 사는 사촌동생의 공부를 도와주고자 인터넷으로 동영상을 보내 주다가 비슷한 도움이 필요한 사람이 많다는 사실을 알고 칸 아카데미를 시작하게 되었습니다. 칸 아카데미는 대부분 재능 기부로 선생님을 모집하여 다양한 기초 학문 분야의 동영상 강의를 제공합니다.

수월성 교육

개인마다 다른 소질과 적성을 발견하고 그에 맞추어 집중적으로 교육해야 한다는 입장.

수월성 교육은 잠재력이 뛰어난 학생들을 따로 선발하여 교육 효과를 극대화해야 한다고 말합니다. 그래서 영재 교육을 적극 장려하고 특목고 확대를 주장합니다.

보편성 교육

모든 사람이 차별 없이 교육을 받아야 한다는 입장.

보편성 교육은 모든 개개인의 능력치에 맞춘 교육 설계는 현실적으로 불가능하기 때문에, 다수의 학생들이 차별 없이 교육받을 수 있는 환경을 마련해 주어야 한다는 입장입니다. 그래서 영재교육이나 특목고에 반대하며 평준화를 주장합니다.